培养青少年专注力的方法

余霞 编著

PEIYANG QINGSHAONIAN
ZHUANZHUL[illegible]GFA

中国出版集团
现代出版社

图书在版编目（CIP）数据

培养青少年专注力的方法 / 余霞编著. — 北京：现代出版社，2011.9（2025年1月重印）

ISBN 978-7-5143-0339-1

Ⅰ. ①培… Ⅱ. ①余… Ⅲ. ①青少年-注意-能力培养 Ⅳ. ①B842.3

中国版本图书馆 CIP 数据核字（2011）第146400号

培养青少年专注力的方法

编　　著	余　霞
责任编辑	张桂玲
出版发行	现代出版社
地　　址	北京市安定门外安华里504号
邮政编码	100011
电　　话	010-64267325　010-64245264（兼传真）
网　　址	www.1980xd.com
电子信箱	xiandai@vip.sina.com
印　　刷	三河市人民印务有限公司
开　　本	710mm×1000mm　1/16
印　　张	13
版　　次	2011年9月第1版　2025年1月第9次印刷
书　　号	ISBN 978-7-5143-0339-1
定　　价	49.80元

善学者师逸而功倍（代序）

有这样一则寓言故事：

每天当太阳升起来的时候，非洲大草原上的动物们就活动起来了。狮子妈妈教育自己的小狮子说："孩子，你必须跑得再快一点，再快一点，你要是跑不过最慢的羚羊，你就会活活地饿死。"在另外一个场地上，羚羊妈妈也在教育自己的孩子说："孩子，你必须跑得再快一点，再快一点，如果你不能比跑得最快的狮子还要快，那你就肯定会被它们吃掉。"

动物如此，人也一样。人的一生需要不断进取，如果你不具有持续学习的意识，不积极主动地去改变自己，那么，你必将会被这个时代所淘汰。

我们正身处信息化时代，这无疑对我们在接受、选择、分析、判断、评价、处理信息的能力方面，提出了更高的要求。今天又是一个知识经济的时代，这又要求我们必须紧跟科技发展前沿，不断推陈出新。你将成为一个什么样的人，最终将取决于你对学习的态度。

美国未来学家阿尔文·托夫勒说过："未来的文盲不是不识字的人，而是没有学会怎样学习的人。"罗马俱乐部在《回答未来的挑战》研究报告中指出，学习有两种类型：一种是维持性学习，它的功能在于获得已有的知识、经验，以提高解决当前已经发生问题的能力；另一种是创新性学习，它的功能在于通过学习提高一个人发现、吸收新信息和提出新问题的能力，以处理未来社会日新月异的变化。

要在现代社会竞争中取胜，仅仅抓住眼下时机，适应当前的社会是远远不够的，还必须把握未来发展的时机。因此，发现和创造新知识的能力是引导现代社会发展的关键。为了实现自我目标，我们必须从“学习”走向“学会”，即培养创新性学习能力。

学会怎样学习，比学习什么更重要。学会学习是未来最具价值的能力。“学会学习”，更多的是从学习方法的意义上说的，即有一个“善学”与“不善学”的问题。“不善学，虽勤而功半”；“善学者，师逸而功倍”。善于学习、学习得法与不善于学习、学习不得法会导致两种不同的学习效果。所以，掌握正确的学习方法显得更为重要。

学习的方法林林总总，不胜枚举，本丛书从不同角度对它们进行了阐述。这些方法既有对学习态度上的要求，又有对学习重点的掌握；既有对学习内容的把握，又有对学习习惯的培养；既有对学习时间的安排，又有对学习进度的控制；既有对学习环节的掌控，又有对学习能力的培养等等。本丛书理论结合实际，内容颇具有说服力，方法易学易行，非常适合广大在校学生学习。

掌握了正确的方法，如同登上了学习快车，在学习中就可以融会贯通、举一反三，从而大幅度提高学习效率，在各学科的学习中取得明显的进步。

热切期望广大青少年朋友阅读本丛书后，学习成绩、学习能力都有所提高。

本丛书编委会

前 言

星期日，家长带着孩子到动物园去玩，孩子对狮子产生了兴趣，一动不动地观察了50分钟，家长终于不耐烦了："一只狮子你就看这么久，其它动物你还看不看?"

从这个生活细节来说，家长是有些疏忽了，他是用成年人的眼光来看待孩子的行为的。孩子有着多么可贵的专注力，但家长却没有意识到这一点，不知不觉地对孩子进行干扰。其实，孩子来到动物园，长期观察一种动物也许比走马观花看一遍更有价值，孩子的专注力需要保护!

专注力是科学家最主要的特质之一，科学家通常是长期在某个领域专注工作，最后取得巨大成功。推而广之，任何人要取得成功都需要专注，做成任何一件事情都需要专注。遗憾的是很多人的专注力从小就没有得到保护和培养。平常，对一些无足轻重的小事，我们往往十分专注，而在对我们很重要的事情上，却又漫不经心。一些人做事情不能成功，总是找出很多客观原因，但他是否意识到，缺乏专注力也许是最大的原因?

对于大多数人来说，与其说成功取决于天赋，不如说成功来自专注。一个人拥有了专注力，才能更好地利用本身的积极思维，把精力放在正确的、重要的事情上，一步步走向成功。

今天的家长和教师应该意识到专注力的重要性，从小保护和培养孩子的专注力。对孩子的专注力，首先就要保护，就像文章开头的例子一样，家长要懂得在孩子专注于一件事情时不要去打扰他。每个孩子都有潜在的专注力特质，家长不要破坏它，其次就是培养。随着孩子一天天长大，家长和教师应该用科学的方法，有意识地对孩子进行一些培养和训练，将有助于孩子专注力的发展。

本书重点谈到了中小学生专注力的发展，低年级小学生注意力和集中能力是比较差的，家长对此应该有一定程度理解，但发展很快，到了高年级，注意力和集中能力就有了很大的进步；进入中学阶段，家长对孩子的注意力和集中能力也不能掉以轻心，由于升学压力加大和课程内容枯燥，中学生注意力不集中的现象也较多，这时家庭和学校也应该关注中学生的专注力问题，特别是让学生明确学习目的，发挥主动性和自觉性，有意识地培养自己的专注力，以坚强的毅力维持专注力，这样的学生，一定能够克服种种学习和生活中的障碍，一步一步走向成功。

本书适合家长、教师和孩子阅读，目的在于让中小学生意识到专注是走向成功的重要因素，让成年人意识到保护下一代的专注力特质是我们这代人的责任！希望您能通过阅读本书了解到日常生活中孩子专注力的特点，形成重视孩子专注力的氛围，如果发现孩子有专注力障碍，要及时采取措施，对症下药。书中也介绍了一些专注力训练方法，家长和教师可根据孩子的情况进行培养和训练。

目　录

第一章 什么是专注力

从专注到专注力

“专注”是一个人们熟悉的词语。所谓“专注”，就是集中精力、全神贯注、专心致志。也就是说，人们熟悉这个词就像熟悉自己的名字一样。然而，熟悉并不等于理解。从更深刻的含义上讲，专注乃是一种精神、一种境界。“把每一件事做到最好”，“咬定青山不放松，不达目的不罢休”，就是这种精神和境界的反映。

一个专注的人，往往能够把自己的时间、精力和智慧凝聚到所要干的事情上，从而最大限度地发挥积极性、主动性和创造性，努力实现自己的目标。

专注能产生极大的能量，能够给个人带来意想不到的变化，这是人们在工作和生活中逐渐得到的经验。随着人们开始研究“专注”，提出了“专注力”这个概念，在心理学领域上有了更深广的意义。

美国心理学家埃伦·兰格和她的同事们通过长期研究心理

对人们生活产生的巨大影响，随后把这种力量命名为“专注力”，其同样巨大却为负面效应的则是“缺乏专注力”。兰格所说的专注力，不仅仅是一种持续关注事物的能力，更是一种生活方式，专注力经她演变为一种奇妙的力量：“由于事事专注，我能够观察到每件事情的微妙之处，同时能够把握全局。”专注力带给人们的不仅仅是平静的心态和成就感，更重要的是能带给人们热情和活力，善用专注力能有效控制自己的生活与际遇。

兰格在阐释专注力带给我们生活的改变时，还运用了大量来自养老院和医院的实验作对比，那些能无意识地使用专注力的老人以及病人在抗衰老、产生偏见想法、健康问题等方面都表现得更为正面。缺乏专注力，会使我们失控，而失控则使我们无法做出理智的选择。

从专注到专注力，是一种认识上的提高，有助于我们了解专注的重要性，从小保护和培养专注力。

专注力的两个关键点

由于在这个节奏快的社会存在着许多令人分心的事物，很多人发现，他们很难阻止他们的注意力从一件事情游走到另外一件事情上。在孩子身上，医学和心理学都已经发现了，孩子们的注意力缺失紊乱已经成为父母头痛的一个问题。他们的孩子似乎过于活跃了，这问题有可能是先天性荷尔蒙失调引起的，也有可能是因为当今的小孩遇到很多像电脑游戏和电视令他们分心的事物引起的。

其实，不仅是孩子，当今的许多成年人，也显示出一种注意力缺失的倾向。以前，我们的父母习惯于一个固定的工作，他们会被期望留在同一家公司工作直到他们退休。但是现在，人们或主动或被动地从一份工作跳到另一份工作，心思常常不能安定下来。每一种关系，每一份承诺，每一个行业都需要去耕耘，才会有收获。完全拥有那种舒适轻松的感觉需要时间，这就意味着要在一个岗位上待上一段更长的时间。为了实现它，下一步就是要求要有专注力了。

根据享誉美国的领导力研究专家和培训大师马克斯韦尔的说法，专注力需要有两个关键点——优先次序与集中注意力。马克斯韦尔说："一个领袖若只知道轻重缓急，却缺乏集中注意的能力，那就如同一个人知道该做什么，却老是一无所成；但如果只是集中注意力，却不知轻重缓急，那么虽可以保有品质，却不会有进展。唯有两者都顾及时，他才有潜力去成就大事。"

这样，一个人应该先要知道轻重缓急，即重要的事情要先完成。我们应该知道轻重缓急，那些出现的需求应该是其他的。我们不应失去我们的承诺和责任感。我们应该学习怎样去拓展我们的能力，学习怎样才能够适应额外的需求。通过这样做，我们才能够锻炼我们的灵活性，我们的聪明才智和我们的心智才不会失去专注力。

把我们的注意力集中在目标上，考虑它的结果而不是过程。如果你想着过程的话，仅仅想到你需要在上面花的努力和你需要用多久才能完成它的时间，你就筋疲力尽了。但假设你专注于结局或最终结果，你做的每一件事都关联到结局或最终结果；你做的每一件事也和结局或最终结果相配合。然后，当你一步一步完成的时候，你会惊奇地发现你已经实现你的目标了。

当今，很多人已经分散了注意力，他们试图同时干太多的工作。当问到他们擅长哪方面和他们已成就了什么的时候，他们不能明确地指出他们真正的成就了什么，然后他们可能会回答，他们对每一项活动的贡献都很少。

“如果你想捕捉两只兔子，那么两只都将逃脱。”

所以，培养专注力的要点是优先次序和集中注意力。这意味着，专注力的要素不仅仅是集中注意力，而且要懂得孰轻孰重，把专注用在正确的事物上。

专注力的主要因素：注意力

“专注力”的含义，大概包括两个方面：①注意的集中能力；②注意的持续能力。

其中“注意的集中能力”是专注力的主要因素，通常我们叫做“集中注意力”，无论是小学生还是中学生，常常会听到老师或家长说“集中注意力”或“注意力不集中”这类话。注意力不集中，即所谓的不专心，在学生中是一个十分普遍的现象，也是最困扰家长和老师的重要问题之一。

“注意”，是一个古老而又永恒的话题。俄罗斯教育家乌申斯基曾精辟地指出：“‘注意’是我们心灵的唯一门户，意识中的一切，必然都要经过它才能进来。”

注意是指人的心理活动对外界一定事物的指向和集中，具有注意的能力称为注意力。

注意从始至终贯穿于整个心理过程，只有先注意到一定事物，才可能进一步去训练、记忆和思考等。

注意包括被动注意（又称不随意注意）和主动注意（又称随意注意）。

注意力是智力的五个基本因素之一，是记忆力、观察力、想象力、思维力的准备状态，所以注意力被人们称为心灵的“门户”。

由于注意，人们才能集中精力去清晰地认知一定的事物，深入地思考一定的问题，而不被其他事物所干扰；没有注意，人们的各种智力因素、观察、记忆、想象、和思维等将得不到一定的支持而失去控制。

注意力的五大品质：注意力的稳定性、注意力的集中性、注意力的范围、注意力的分配、注意力的转移。

从五个方法练习你的注意力

一、静视——一目了然

1. 在你的房间里或屋外找一样东西，比如表、自来水笔、台灯、一张椅子或一棵花草，距离约 60 厘米，平视前方，自然眨眼，集中注意力注视这一件物体，默数 60～90 下，即 1～1.5 分钟，在默数的同时，要专心致志地仔细观察。闭上眼睛，努力在脑海中勾画出该物体的形象，应尽可能地加以详细描述，最好用文字将其特征描述出来。然后重复细看一遍，如果有错，加以补充。

2. 你在训练熟悉后，逐渐转到更复杂的物体上，观察周围事物的特征，然后闭眼回想。重复几次，直到每个细节都看到。可以观察地平线、衣服的颜色、植物的形状、人们的姿势和动作、天空阴云的形状和颜色等。观察的要点是：不断改变目光的焦点，尽可能地多记住完整物体不同部分的特征，记得越多越好。在每一分析练习之后，闭上眼睛，用心灵的眼睛全面地观察，然后睁开眼睛，对照实物，校正你心灵的印象，然后再闭再睁，直到完全相同为止。还可以在某一环境中关注一种形状或颜色，试着在周围其他地方找到它。

3. 建议你之后再去观察名画。必须把自己的描述与原物加以对照，力求做到描写精微、细致。在用名画做练习时，应通过形象思维激发自己的感情，由感受产生兴致，由兴致上升到心情。

这样，不仅可以改善观察力、注意力，而且可以提高记忆力和创造力。因为在你制作新的心中的形象的过程中，你吸收使用了大量清晰的视觉信息，并且把它储藏在你的大脑中。

二、行视——边走边看

以中等速度穿过你的房间、教室、办公室，或者绕着房间走一圈，迅速留意尽可能多的物体。再回想，把你所看到的尽可能详细地说出来，最好写出来，然后对照补充。

在日常生活中，眼睛像闪电一样看。可以在眨眼的工夫，即0.1～0.4秒之间，去看眼前的物品，然后回想其种类和位置；看马路上疾驶的汽车牌号，然后回想其字母、号码；看一张陌生的面孔，然后回想其特征；看路边的树、楼，然后回想其棵数、层数；看广告牌，然后回想其画面和文字。所谓“心明眼亮”，这样不仅可以有效锻炼视觉的灵敏度，训练视觉和大脑在瞬间强烈的注意力，而且可以使你从内到外更加聪慧。

三、抛视——天女散花

取25块到30块大小适中的彩色圆球，或积木、或跳棋子，其中红色、黄色、白色或其他颜色的各占1/3。将它们完全混合在一起，放在盆里。用两手迅速抓起两把，然后放手，让它们同时从手中滚落到沙发上，或床上、桌面上、地上，当它们全部落下后，迅速看一眼这些落下的物体，然后转过身去，将每种颜色的数目凭记忆而不是猜测写下来，检查是否正确。重复这一练习10天，在第10天看看你的进步。

四、速视——疏而不漏

取50张7厘米见方的纸片，每一张纸片上面都写上一个汉字或字母，字迹应清晰、工整，将有字的一面朝下，或用扑克牌也可。取出10张，闭着眼使它们面朝上，尽量分散放在桌面上。然后睁开眼，用极短的时间仔细看它们一眼。转过身，凭着你的记忆把所看到的字写下来。紧接着，用另10张纸片重复这一练习。每天这样练习3次，重复10天。在第10天注意一下你取得了多大进步。

五、统视——尽收眼底

睁大你的眼睛，但不要过分以至于让你觉得不适。注意力完全集中，注视正前方，观察你视野中的所有物体，但眼珠不可以有一点的转动。坚持10秒钟后，回想所看到的东西，凭借你的记忆，将所能想起来的物体的名字写下来，不要凭借你已有的信息和猜测来做记录。重复10天，每天变换观察的位置和视野，在第10天看看你的进步。

数秒数的过程一般会比所设想的慢。你可以在练习前先调整一下你数数的速度。一边数一边看着手表的秒针走动，1秒数1下，在1分钟结束的时候刚好数出“60”，也可以1秒数2～3下。

影响注意力的因素

孩子的注意力由注意的集中、注意的速度、注意的分散、注意的分配这几个概念构成。指向性和集中性是注意力的两个特点。孩子注意力不集中，易分心，是所有孩子的共性。年龄越小，控制注意力的时间越短。因此，绝大多数情况，孩子并没有问题，孩子大了会逐步地提高注意力。

对于超出正常范围的注意力不集中，有这样几种可能引起孩子的注意力不集中的因素：

一、发育比较迟缓

孩子注意力的集中程度会随着年龄的增长而增加，但每个孩子发育程度不尽相同，有些孩子快一些，有些孩子慢一些。

二、没有养成好的习惯

培养孩子的注意力，应该在学龄前就开始。孩子在幼儿园的时候就没有养成良好的时间观念，写作业的时间就是写作业的时间，不能和看电视并行。一些孩子边写作业边看电视，孩子写作业就顾不上看电视，看电视就顾不上写作业，最终导致孩子在干一件事的时候老想着另外一件事情，注意力永远集中不起来。一些家长对学龄前的孩子，忽视了注意力的培养，致使这些孩子上小学后，很难适应正规学习。表现在上课不专心，做作业不认真，严重影响学习成绩的提高。

三、对所要精力集中的事情没有兴趣

比如，孩子对老师讲课没有兴趣，脑了里总是在想自己想做的事情，就会注意力不集中。没有兴趣的原因：①没有得到老师的肯定；②老师经常批评；③一种更为普遍的情况，就是老师讲的内容孩子都已经听懂了，孩子就会分散精力；④老师讲的东西听不懂，家长又无视孩子的喜好，不仅限制、阻止孩子，诸如看课外书、玩游戏、做手工、户外活动，还一味地按照家长的喜好，强迫孩子从事自己不喜欢、没有兴趣做的事情。如果一个小孩子愿意做某一件事情，而家长却禁止他去做，就很可能会使孩子的注意力不集中。

四、家长不经意的导向

美国儿童教育学者发表的一份研究报告显示，玩具过多容易影响孩子的智力发育。英国牛津大学教育心理学教授凯茜·茜尔娃历时数年，对3000名年龄在3~5岁之间的孩子进行了跟踪调查，发现那些玩具较少的孩子，由于父母与他们一起阅读、唱歌和游戏的时间更多，要比那些家境优越、玩具成山的同龄小朋友智力水平高。儿童教育工作者奥汉·伊斯梅尔也发现，他10个月大的儿子卡梅伦在圣诞节收到了大量玩具礼物后，却变得不会玩了。“他不停地拿起一个玩具，摆弄两分钟就放下，再拿起另一个，没过多久又失去了兴趣，最后往往是拿起一只拖鞋之类的东西来玩，而以前他每个玩具能玩上十几分钟。”

五、对孩子不切合实际的要求

现在孩子参加的课外培训班过多，其实多数都是家长的意愿，殊不知这样的做法也恰恰是形成注意力不集中的因素。孩子的天性是玩，您把他课余的时间都占满，他怎么办，只好在培训班的课堂上自己想办法玩了。久而久之，注意力不集中的习惯也就形成了。况且当课程太多的时候，孩子都无法保证上课的时间。当一个孩子一周甚至连一次培训时间都无法保证时，即使到了学习班，也难以集中精力，更不要说提高成绩。

六、家庭对孩子呵护过度

当家长过度溺爱，任何事情都帮孩子代劳，久而久之，就会使孩子产生严重的依赖心理，什么事也不用自己去做。只要持续用脑的事，他都会懒得做，而逐渐地变成一个懒惰的人。而懒惰的人没有意志力，也就不可能集中精力。而一个注意品质的人，很大的成分是需要意志力的配合才能集中精力。像科学家在做实验、在计算时，就必须要全力集中，还要配合坚强的意志力。所以，过分呵护的孩子没有意志力，也就难以培养出持久的注意力。

七、孩子看电视、玩游戏过多

当个体沉溺于某些事情或意识范围狭窄时，注意范围亦会相应缩小，因而引起对其他事物的注意力下降，比如上网、游戏成瘾性等。

电视节目的特点就是画面生动活泼，孩子习惯了热闹，到了幼儿园或者学校就不习惯静静地听老师的话。电视节目虽然也能增进孩子的知识，但是对于孩子来说完全是被动的学习，没有对答，没有互动，不利于创造性思维的培养，语言也容易发展迟滞。美国的科学家经过研究，发现小时候看电视越多的孩子，到了上学时，注意力不集中的比例越大，甚至感觉是电视的刺激强度过大而重新布局了大脑。所以，美国建议两岁内的婴儿不要看电视。

八、某些生理疾病

某些脑区功能的缺陷也会造成注意力不集中。这些脑区活动比较弱，就容易引发问题。其中，以儿童多动症也叫注意力缺陷障碍（ADD）最为典型，它是儿童时期的常见病。这些孩子几乎片刻不停，忙忙碌碌，被各种事物所吸引，虽然他们也有兴趣爱好，但对感兴趣之事也无法集中注意力。大约有 1/3 的儿童多动症患者病情会延续到成年，并且会带来后遗症，如性格问题等，像这类孩子就具有注意力分散度较大的性格特点，应该及早到医院给予治疗。

九、环境对孩子的注意力也很重要

家长首先要自己安静，不要做分散孩子注意力的事，如看电视、大声议论或哈哈大笑等。有的家长总是担心孩子不能自觉，所以他们总喜欢在孩子做功课时对孩子提出问题："做几道了？还有几道？"看起来似乎是关心了孩子，殊不知这样不时地干扰孩子，弄得孩子无法集中注意力，思考问题的思路也总被打断。

此外，当人们心理压力过大、高度紧张、焦虑困倦、睡眠不足、疲乏或抑郁时，注意力往往难于集中。

专注力的四种类型：

因为先天性格有所不同，所以每一个孩子的专注力表现也不一样。总体来看，孩子的专注力大概可分为四种类型。因此，在我们培养孩子的专注力之前，应该先来观察一下孩子属于哪一种类型，然后才能对症下药。

1. 拖拖拉拉型的孩子

要这一类型的小孩专心没有问题，但是要他静下来专心做事，却得让家长花费不少力气。他们的性情大多容易紧张、敏感或羞怯，可能每天都需要妈妈唠叨，他才会把该做的事做好。做功课时可能又喜欢东摸西摸，等长大之后，也可能是不拖到最后一刻就不把事情做完的人，他们一直给人一种“不负责任”的印象，属于专注力最低的孩子。

2. 复杂型的孩子

这一类型孩子的专心情况如何，要看他当天的心情、环境、身体状况而定。如果生理或心理稍有不适，很可能就会对专注力表现产生巨大影响。在未成年以前，大部分的孩子都属于这一类型。不过，复杂型的孩子似乎更不能忍受任何事来影响他们。如果想要让这些孩子专心，除非是活动特别有趣或是他非常喜欢这些伙伴，不然的话，他一定会立刻离开，去做自己真正想做的事。

3. 稳定性极高型的孩子

对于这一类型的孩子来说，虽然也会有不专心的时候，但是那样的状况极少出现。相反，他们在大多数情况下都能专注于手头正在进行的事情。对于父母而言，他们绝对是好管教的孩子，从来不需要家长过分担心。

4. 极端型的孩子

专心的时候非常专心，但是当他不想专心的时候，谁也拿他没办法，这就是极端型孩子的专注力特色。只要是有兴趣的事，他就会专心去做，一点也不会被外界干扰，否则就是一副懒洋洋的样子。通常这一类型孩子的性格比较容易紧张，如果事情或环境临时产生变化，或需要暂时放手的时候，他通常不知道该如何妥善处理。

中小学生应该专注读书

对于中小学生来说，要明白现阶段是要专注于学习。

专注地学习课堂知识，学习人类社会的各种知识，把自己锻炼成一个有知识、有信念的人。能做到这一点，他就是一个充满幸福和快乐的人。

北京新东方教育集团有限公司董事长俞敏洪回忆自己的经历时说道："专注去读书能够给人带来成功和幸福。"

上小学和中学的时候，教科书就那么薄薄的几本，其他任何书籍几乎都是被禁止的。图书馆借不到，书店买不到，因此只能把教科书翻来覆去地读，用报纸认真地把书皮包起来，里面的书页都翻烂了，书皮还像新的一样。由于没有别的书看，语文书中的课文背了一遍又一遍，从《小英雄雨来》，背到《谁是最可爱的人》，又背到《阿Q正传》；到现在为止每一篇课文都还像刻在心上一样。现在回想起来，背过的大部分课文是适应政治形势的文章，好像白背了，要是当初就把中国文化中最美好的篇章都编到教科书里面，到今天一定还能用到，并且受益无穷。于是不禁想起了两件事：一是不知道现在的教科书到底编了些什么课文，如果现在的学生还能像我们当初背那些没有用的文章一样背出来这些课文，是不是能够受用终生；第二件事情就是古时候学生从小只背四书五经，必须背得滚瓜烂熟，尽管刻板狭隘，但凡是背过的人一辈子都可以引经据典，出口成章，也成就了不少像苏东坡、王安石这样的伟大人物。当然现在的学生除了语文，还要学习数学、物理、化学、生物、英语等学科，而且还必须学，不学就会落后于时代，结果是知识面比古人要广得多，但从熟能生巧到终生使用来说，则大部分学生都是为了考试学习，考试完了就忘了。学习不再是为了终身受益，过完了考试门槛，学过的知识就可以像敲门砖一样扔掉了。

进了大学之后，我就再也没有体会过小时候一篇篇课文慢慢背，背出无限乐趣来的那种快乐。在大学里发现同学们像百米冲刺一样比赛着读书，读了一本又一本，大家不是比谁把哪本书研究透了，而是比读书的数量，只要能把书名、作者和内容概要记下来，能回到宿舍吹嘘就是胜利。结果在大学读了很多书，几乎没有哪本书中的重要思想能够顺手拈来地引用。现在想来，要是在大学不那么虚荣地去追赶同学的读书数量，而是踏踏实实研究几本书，可能现在学问的境界和思想的深度就不一样了。林肯好像一辈子的床头书就是《圣经》和《莎士比亚》，别的书他都不读，结果心智同样伟大而广博。当然我不是说大家一辈子只读几本书就够，而是在广泛读书的同时，确实应该真正精读几本书，甚至背诵，达到心灵的领悟为止。在大学的时候，也曾经拼命学习英语，教科书学了一本又一本，结果学了很多年，英语水平还在洋泾浜的水平上。想想20世纪三四十年代我们老师那一辈人，进入教会学校后就拿着一本《圣经》，翻来覆去地念着，抛开宗教意义不说，几年以后一本《圣经》翻得烂熟，结果英语水平一下子过关。记得上大学的时候，听到我们那些老师读英文时优雅的发音和充满自信的慢条斯理，打从心眼里惊讶，设想一下当时既没有录音设备也没有复读机，就能把英文讲得如此地道，那是一种何等迷人的状态。我们现在什么学习设备都有了，把英文学好却很难，是什么原因呢？是我们没有把注意力专注到一个点上，一个点都没有抓住，想要抓住全面当然会很难。所以现在有人问我英语怎么学，我常常一句话说完："把任何一本好点的教科书背得滚瓜烂熟就行，我没法说让大家把《圣经》背出来，否则大家会以为我是传教的呢。"

现在的孩子们选择太多，对于他们来说是好事也是坏事，好事是见多识广，机会众多；坏事是不再专心致志，常常三心二意见风使舵，不断改变自己生活和工作的方向，结果最后就迷失了方向，也迷失了人生。我的一个朋友做过一个调查，看有多少大学生对于自己的专业不喜欢，结果有一大半是不喜欢的；过去专业是被分配的，不喜欢情有可原，现在专业是学生自己挑的，不喜欢就已经不对头；但更加不对头的还在后面，很多同学因为不喜欢就换了自以为喜欢的专业，结果调查发现，在换过专业的学生中，依然有一半的同学对于自己换过的专业还是不喜欢。可见，现在的大学生在众多的机会面前是多么的不知所措。回想起来，反而觉得我们那时的大学生活更加幸福，国家给你分配一个专业，你学也得学不学也得学，结果是不得不学会喜欢，后来很多人还成了专业领域的杰出人才。正像丘吉尔所说的那样，一个人不在于他喜欢做什么，而在于学会喜欢正在做的事情。任何一件事情获得成就，都需要付出巨大的努力，有时候很多人喜欢一件事情是表面的喜欢，一旦要付出努力就会望而却步。我有一个朋友喜欢听钢琴曲，对于会弹钢琴的人羡慕得要死，后来终于有了时间有了钱，于是下定决心要学钢琴，请了很好的老师，结果两个月之后就彻底崩溃放弃。我问他为什么放弃，他说听到自己弹出来的刺耳的声音，神经病都快发作，对钢琴再也没有兴趣了，从此把自己对于钢琴曲的喜欢也消灭了。所以，我们喜欢一件事情和要真正做好一件事完全是两回事，做好一件事的前提是要付出巨大的努力和心血。我在开始做新东方的时候，是被生活所迫，所以谈不上喜欢做，有几个和我同时创业的人，最后都耐不住寂寞和辛苦，半途而废了。但我没有别的事情好做，人又不够聪明，所以只能坚持下来，最后歪打正着，做成了新东方，也喜欢上了新东方。

俞敏洪的中小学时代和现在有很大不同，但并不妨碍他的专注读书。选择太少，他就把书翻来覆去地读，一篇篇课文慢慢背，也能背出无限乐趣来，这样的乐趣，恐怕今天的学生是很难体会了。今天的社会，学生的选择太多，这时候，更应该强调专注，让学生体会到专注的乐趣。

丘吉尔说："一个人不在于他喜欢做什么，而在于学会喜欢正在做的事情。"对于学生来说，不要过多地强调自己喜欢读什么书，不喜欢读什么书；喜欢什么科目，不喜欢什么科目。你只管投入进去，从自己的专注中寻找生活的意义，从你投入的那个状态中寻找幸福的源泉。

让我们以俞敏洪的一段话结束本节：

我们一辈子拥有的时间不是无限的，我们能够做的事情也不是无限的。所以在不断探索世界、扩大眼界、博览群书、广泛涉猎的同时，能够让自己专注起来，一心一意地熟读几本书、一心一意地学习一个专业、一心一意地做成一个事业、一心一意地爱一个人，未尝不是一件无比幸福的事情。

第二章　从小培养孩子的专注力

0 ~ 7 岁孩子注意力的培养

儿童发展的第一要素是专心，这是儿童品格与社会行为的全部基础。儿童必须学会专心，因此他需要能使他专心的物体，这正表明了儿童环境的重要性。专注力对孩子来说，具有不可低估的作用。专注力好的孩子，往往认知能力和精细动作也较好，专注力和秩序感有助于培养孩子的逻辑思维能力，对于今后孩子的学习和分析问题的能力具有重要作用。

儿童时期专注力发展分为两个阶段：0 ~ 3 岁与 3 ~ 7 岁，下面我们分别叙述这两个阶段孩子专注力的发展情况。

0 ~ 3 岁孩子专注力发展

越是发达国家越重视婴幼儿早期教育，0 ~ 3 岁的早期教育起源于欧美，国内外的婴幼儿教育研究机构的多年研究表明，0 ~ 3 岁是人的一生发展最重要的时期。一个人的学习能力的 50% 是在生命的头 4 年中发展起来的，另外的 30% 是在 8 岁前发展起来的。

“三岁看大”是中国的一句老话，在2003年被英国伦敦精神病学研究所教授卡斯比经过20年的跟踪调查，为“三岁看大”的说法提供了强有力的证据。这一研究在英伦三岛引起轰动，他在报告中称，三岁幼童的言行就可预示他们成年后的性格。

1980年，卡斯比教授跟伦敦国王学院的精神病学家对1000名三岁的幼儿进行了面试，根据面试结果，这些幼儿被分为充满自信、良好适应、沉默寡言、自我约束和坐立不安五大类型。

2003年，也就是当他们26岁时，卡斯比等精神病学家再次对他们进行了面试，并且对他们的朋友和亲戚进行了调查，结果如下：

当年被称为“充满自信”的幼儿占28%。小时候他们十分活泼和热心，为外向型性格。成年后，他们开朗、坚强、果断、领导欲较强。

40%的幼儿被归为“良好适应”型。当年他们就表现得自信、自制，不容易心烦意乱。到26岁时，他们的性格依然如此。

当年被列入“沉默寡言”型的幼儿占8%，是比例最低的一类。如今，他们要比一般人更倾向于隐瞒自己的感情，不愿意去影响他人，不敢从事任何可能导致自己受伤的事情。

10%的幼儿被列入“坐立不安”型，主要表现为行为消极、注意力分散等。如今，与其他人相比，这些人更容易对小事情作出过度反应，容易苦恼和愤怒。认识他们的人对其评价多为：不现实，心胸狭窄，容易紧张和产生对抗情绪。

还有14%的“自我约束”型的幼儿，长大后的性格也和小时候一样。

卡斯比教授指出，父母和幼儿园老师必须认真对待小孩子的行为。不过，他也承认，一个人的性格到成年后又改变的情况的确存在，父母的教育方式以及社会环境的变化对一个人的性格都会产生一定的影响。

现在我们来看看0~3岁孩子注意力发展情况：

0~3岁孩子对事物的注意是随意的、被动的，都是由刺激物本身的特点所引起的，缺乏目的性。概括起来有四个特点：

1. 注意的目的性

0~3岁的孩子还不能进行有组织、有目的的注意，很容易受到无关事物的干扰，致使原来的任务不能完成。比方说，孩子很可能一会儿玩这个玩具，一会儿又要另一个，将玩具扔得满地都是。

2. 注意的稳定性

0~3岁的孩子持续注意的时间很短，很容易转移注意的对象。研究显示，孩子年龄越小，注意力集中的时间越短。2岁孩子平均注意力集中的时间长度为7分钟；3岁为9分钟；4岁为12分钟；5岁为14分钟。

3. 注意的细致性

3岁以下的孩子只注意表面的、明显的事物轮廓，不注意事物较隐蔽的、细微的特征，还不太注意两个事物之间的关系。比方说，让3岁的孩子比较两个相似图形区别在哪，他们就不大能说出来。

4. 注意的分配性

3岁以下的孩子不可能同时注意很多的事物。如果妈妈指着大楼说：“宝宝，你看！”而爸爸又几乎同时指着小鸟让孩子看，那很可能孩子什么也注意不到。

不要苛求孩子保持很长时间的注意力，父母可以在了解上述注意力特征的基础上，以平和的心态、科学的方法、慢慢地培养孩子的注意力。

对于0~3岁孩子注意力的培养，家长可参考以下方法：

1. 利用孩子的好奇心

新颖、色彩丰富、富于变化的物体最能吸引孩子的注意。父母可以选择有玩偶跳舞的音乐盒，如会跳的小青蛙、会敲鼓的小木偶等玩具让孩子集中注意力观察、摆弄，以此训练他注意力的集中。另外，还可以带孩子到新的环境中去“看稀奇”，比如逛公园，让他看一些未曾见过的花草、造型各异的建筑；带孩子到动物园去看一些有趣的动物等等，利用孩子对新事物的好奇心去培养注意力。

2. 在游戏中训练专注力

孩子在游戏活动中，注意力集中程度和稳定性会增强。因此，父母可以和孩子开展有趣的互动游戏，这样不仅能强化亲子关系，还能在活动中有意识地培养孩子的注意力。

在桌子上摆放一些孩子喜欢的玩具，教他分辨玩具的种类，说出玩具的名称和数清楚玩具的数量。然后，趁孩子不注意的时候，拿走其中的某一样玩具，问孩子：“什么东西不见了？”让孩子集中注意力去回想、查看、寻找，如果他能很自然地回答出被拿走的玩具的名称，下一次，可以多拿走几种来考察孩子的记忆。这样的训练方式，灵活、实用，能够很好地激发孩子的兴趣，让他逐步养成围绕目标、自觉集中注意力的习惯。

3. 明确活动目的，自觉集中注意力

注意力目的性不强是孩子注意力的特征之一。所以，如果我们让孩子对活动的目的意义理解得深刻点，那孩子在活动过程中就会注意力更集中，注意持续时间更长。在日常生活中，父母就可以训练孩子带着目的去自觉地集中和转移注意力，如问孩子："妈妈的衣服哪儿去了？""桌上的玩具少了没有？"等等。这样有目的地引导婴幼儿学会刻意注意，可让他逐步养成围绕目标、自觉集中注意力的习惯。

3～7岁孩子专注力的发展

3～7岁儿童正处于学前的幼儿园阶段，又称幼儿期。在幼儿期，孩子的无意注意得到了高度发展，在无意注意的情景下，孩子的注意集中能力可以维持很长一段时间。例如，这时的孩子若是被电视所吸引，那么他可以专心致志地看很长时间的电视，一点也不会感到疲劳。

而幼儿期孩子的有意注意能力却还是在逐步的发展过程中，3岁的孩子一般还不能运用内部语言的控制来选择对象，进行有意识的专注观察。但是到了4～5岁的时候，儿童就可以运用自己的内部语言来维持有意注意力，如他们在与外部世界的接触过程中，经常会在心里告诉自己："这个东西真好玩，让我来看看它吧。"到了6～7岁的时候，这种有意注意情况下的专注能力有了进一步的发展，但也必须承认在整个幼儿期，儿童有意注意力的稳定性总的水平还是比较低的。

这一阶段，家长培养孩子专注力应做到以下几点：

1. 加强体质的锻炼

体质不好会对专注力的发展造成障碍。因此，鼓励孩子进行适当的体力运动，能增强孩子的体质和促进神经系统的发育，这是专注力发展的生理基础。

2. 建立规律的生活习惯

不规律的作息安排不利于孩子专注力的发展。因此，必须让孩子有充足的睡眠，固定的起居饮食和玩游戏的时间，让孩子愉快专注地去学习和游戏。

3. 不作过多过分要求

爸爸妈妈派给孩子的任务一定要指示清晰、要求明确，恰当地符合他的能力。顺利完成之后，要当面表扬他，一个微笑、一个亲吻、一个拥抱，都是很好的奖励方式。不足的地方，要耐心地示范，鼓励他再一次地去完成。

4. 不和他人进行比较

每个孩子都有不同的特性，您的孩子是唯一的。所以，在培养他的专注力时，不要拿别的孩子来做比较，这么做会打击他的自信，家长应该从基础开始，耐心地加以教育和训练。

尊重孩子的自由选择，给予适当的引导，帮助孩子体验成功，让他充满成就和充实感，是培养孩子专注力的最佳方式。

医学研究表明，在3～13岁儿童中，有10%～30%的儿童不同程度地存在注意力不集中、平衡能力差，易摔倒、胆小、内向、手脚笨拙、爱哭等症状。这并不是一般的教育问题，而是儿童大脑发育过程中某些功能不协调所致，在医学上被称为“感觉统合失调”。如果是这样，家长更应引起注意，及早对孩子采取针对性措施。

与其说培养，不如说保护

很多家长在孩子开始上学后，发现孩子的注意力不集中，老师也开始向父母传递孩子上课注意力不集中，从而影响孩子学习的信息。有的孩子上课走神、发呆，有的孩子对老师讲的课没有兴趣，有的孩子玩衣角或铅笔，有的孩子与别的小朋友讲话……于是父母开始斥责孩子，要求孩子上课或做作业要集中注意力，殊不知，孩子的注意力不是父母和老师要求出来的，而是父母保护和培养出来的。

每个孩子来到这个世界的时候，对任何事物都充满好奇。在儿童对事物主动的探索过程中，他们都是聚精会神的，非常专注。为什么孩子们在慢慢地长大中却会渐渐失去了这样的专注力呢？

在一个早教中心的休息大厅，为孩子们准备了一些玩具，其中有两个蓝色的大气球。两个3岁左右的男孩和这两个大气球一样高，他们尝试着将大气球抱起来，然后将气球使劲砸向地板。看到气球在地上滚动，这让孩子兴奋不已，他们不停地尝试这个过程，高兴地跺脚庆祝，在这个实验中他们发现了气球可以在地面弹起，这对孩子来说是多么新鲜。发现自己能够抱起这个庞然大物，自己多么的能干，孩子在这样的发现中获得了快乐。然而，在这个过程中，两个男孩的奶奶不停地干扰男孩对气球的观察和尝试，隔2分钟给孩子喂一口水，不停地打断孩子的实践，奶奶根本就没有注意到孩子当时的精神需要——游戏并获得快乐。本来专注的孩子因为不停地被干扰，专注力就慢慢消失了。

成人往往按照成人世界的标准要求儿童，而儿童是不可能按成人的要求去做的。于是斗争就开始了，而专注力就在这场斗争中被毁掉了。从本质上来讲，毁掉的专注力也不是最主要的，而毁掉最重要的东西是儿童的成长本身，是对成长的生命动机，这才是最大的不幸，这就是我们倡导自由的原因所在。我们应该保护儿童自由的天性，保护他们不偏离成长的轨道。

我们再来看一个例子：

在火车上，一个两岁多的孩子将手中的饮料瓶不停地从手中砸向地下，然后妈妈又拣起给他，他又砸。持续了半个小时后，周围的成人都感觉心烦和焦虑了起来，妈妈也开始要斥责他了。中铺上一个10岁的男孩，爬在铺上对孩子的妈妈说："阿姨，他像猴子砸坚果一样，想把瓶盖砸开。"妈妈拣起瓶子问孩子："你是想把瓶盖打开吗?"小男孩认真地点点头说："是。"所有的大人都感到释然，释然中又带有惊讶。可能，10岁的大孩子更接近这个两岁的孩子，而30岁的成人已经远远地离开了儿童的世界。

这个两岁的小孩子，如果没有大孩子的提醒可能会这样持续地砸下去，直到他认为这个方法不能解决他的问题时，他才会设想用另外的方法去努力打开这个瓶盖。在这个过程中，儿童的眼睛不会去观察这个之外的世界，不会想到他是否打扰了别人，他全部的精力和热情都在高度地专注于打开瓶盖。想出某个方式解决某个问题是儿童本质性的行为，而在这里，专注只不过是一个条件而已。如果没有大男孩诠释这个行为，结果必然是小孩子遭到斥责。因为大家在孩子行动的过程中只是越来越感觉到这个孩子闹，越来越想禁止和斥责他。你看，大人的世界跟儿童的世界有多么的不同。

事实上，没有什么东西能胜过儿童的自我成长的愿望。这一愿望会使儿童将所有的注意力都投入其中，使孩子将他的精力投入到环境中的某一事物中，这一事物将聚集这种能量，这一能量的聚集也将在漫长的儿童时期的每一天都重复进行。最后，达到了我们所说的高度专注的品质，并长久地固定在了儿童身上。

专注力原本是儿童追求成长的一个与生俱来的天性，成长是最高的法则。问题的关键在于，成人总是横加干扰，这种干扰损失看似是专注力，但本质是人性的丧失。

从这个角度讲，对于儿童专注力的保护比培养更重要。作为家长，心里应该明白一件事，即孩子是有高度专注的能力，他并不比成人差，甚至强于成人，家长要做的，更多的是一种保护，尤其是在孩子 6 岁之前。

我们来看看一个母亲对孩子专注力的保护和感受：

我的儿子不到一岁的时候，很喜欢汽车。他最喜欢坐在驾驶员位置上玩方向盘，一玩就两小时。我当时凭着本能，顺着孩子的需要，坐在副驾驶的位置上陪着他两小时，我不打搅他，自己休息或看书；每天晚上，儿子要观察开灯和关灯的时候灯的变化，一观察就要 1 ~2 小时，不停地开关卧室的灯，我想他可能是在观察灯光的变化，于是我们轮流抱着他开关灯，直到他不再要求；儿子两岁左右的时候，他喜欢听英文磁带，我买回家来，他每天坐在地板上专心听，一听就 1 ~2 小时，直到他自己离开收录机；上幼儿园后，每天回到家他就直奔房间，开始他自己的“工作”——玩拼图、玩玩具等，做他喜欢的事情，没有人干扰他，一玩就 2 ~3 小时；上小学 1 ~2 年级时候，他每天放学回家就也是直奔自己的房间里，拆开他爸爸为他买的拼图玩具开始玩，一玩就几个小时，他爸爸每天接他都会满足孩子买一个拼图玩具，儿子特别喜欢拼图，拼出后很有成就感。

儿童天生的专注力如果保护得好，就能够专注于一件事情。将来他进入学校以后，就能够专心听讲，专心作业，我们就不用担心孩子学习成绩的问题了。儿子从小学到高中，在小学升初中的时候，因为参加全国小学生奥林匹克数学竞赛获得一等奖，被知名重点中学提前录取，进入实验班，并获得 3.3 万元的奖学金。在初中升学高中时，又被知名重点高中提前录取，并获得 4.5 万元奖学金。取得这些成绩对儿子来说并不困难，从小学到中学，他的周末都是睡觉和玩游戏。我从来没有花钱为儿子补课，按照儿子的说法，吃好、睡好、玩好、上课百分百认真，是他取得这些成绩的法宝。至今，他仍然重视自己的饮食和睡眠，周末仍然玩游戏，没有看到他在家里做作业，但他的成绩还是年级第一。

当一岁的儿子坐在汽车座位上玩方向盘的时候，我并没有想到他将来能够在学习上让我如此省心。现在回想起来，我们在儿子很小的时候，从来没有要求和安排儿子要做什么，就是顺应着孩子的需求和发展。当时我并不懂得不干涉孩子游戏的重要性，只是想到孩子自己玩我可以做自己的事情，所以也就不管他了。直到现在我才明白，当时我的“偷懒”是多么的英明和正确！那些6岁前被看护人干涉太多的孩子，进入小学以后，由于出现不能够专注，就会不专心听讲，作业不专心完成等等问题。

孩子的专注力真的很差吗

常常有家长这样说：“宝宝小的时候挺专心的，给他讲故事，他能听完一个故事，教他认图片或做游戏，他可以玩好一阵儿。现在长大了，反而不如原来专心了。无论做什么、玩什么，他都不能坚持，一会儿就分心了，孩子是不是得了‘多动症’，孩子的专注力是不是真的很差?”

其实不然，自从孩子能够轻松地移动自己的身体开始，孩子就进入了探索的高峰期，这个时期是以孩了会爬行和直立行走作为明显标志。这段时期的孩子，他们会对任何他们可以去的地方或能够摸着的东西进行探索，而这种探索是没有明确目标的，他并不一定是想“得到什么”，也不一定是想“知道为什么”，而是发自体内的探索需求，强烈地驱使着孩子“四处乱窜、到处看看”。所以这个阶段的孩子表现出来最明显的特征，在成年人看来就是——专注力不集中。

孩子的这种现象是正常的，随着孩子的成长和认知水平的提高，在大约两岁半左右的时候，很多孩子对事物的探索开始深入了，这个时候他就会“安静”下来。即使是这样，因为孩子还小，他注意力也最多可以集中7~10分钟。

注意力按照人的年龄发展，其持续时间也不同：

3岁的孩子其有意注意在3~5分钟；

4岁的孩子其有意注意在10分钟；

5~6岁孩子其有意注意在10~15分钟；

7~8岁孩子其有意注意在15~20分钟；

9~10岁的孩子其有意注意在20~25分钟；

11~12岁孩子其有意注意在25~30分钟。

成年后注意力也就在30分钟以上，有意注意是指孩子有目的性持续地注意某个事物需要的时间。

所以，家长大可不必担心。如果您认为孩子的专注力真的很差，那您应该检查一下孩子的生活环境是否太嘈杂，玩具是否太多，然后可以适当地给孩子做一些容易安静的游戏。

为了培养孩子的专注力，您可以用以下游戏来尝试训练：

1. 坐滑板车

让孩子盘腿坐在滑板车上，双手紧紧抓住车的把手，然后家长推、拉滑板车以和孩子身体方向一致或相反的两个方向拉动车子。

【讲解】孩子在滑板车上要根据车子的运动方向和速度来调节身体的平衡，有助于提高孩子的专注力。

2. 托物走路

给孩子一个塑料托盘，在上面放上几颗大枣或是几个苹果，让孩子从房间的一端走到另一端，转过身子再走回来。

【讲解】由于孩子的平衡能力还不是太好，孩子在托物走的时候是很难做到控制好手中的盘子。这个游戏不但训练了孩子的平衡能力，让孩子在游戏中学会手眼协调和身体姿势协调，为孩子有很好的控制能力奠定了基础，同时有助于提高孩子的专注力。

3. 钓鱼

给孩子玩具渔竿，上面有磁铁，家长帮助孩子把磁铁吸在小鱼的嘴上，然后让孩子拉渔竿把小鱼从盆中钓离，最后把鱼放在一旁的篮子里，家长帮助宝宝把鱼取下来。再反复做，边钓边数数。

【讲解】这个年龄段，孩子的手眼协调性还没有发育特别好，需要家长帮助把游戏完成。孩子能很好地控制很长的渔竿在一定范围内移动就非常不错了，游戏不但训练了孩子的控制力，同时也提高了孩子的专注力。

4. 轨道开车

让孩子试着推小车在地上沿某条轨迹走。比如，让孩子推小车沿篮球场的白线走。

【讲解】孩子推小车在线上走，需要较好的手眼协调性，同时也需要孩子长时间的专注。

5. 里面有什么

老师准备小蜡丸，在小蜡丸内装线，把小蜡丸装入小盒子中，再把小盒子装在拉链袋子里。引导孩子找找里面有什么，打开以后让孩子拉线甩甩蜡丸。

【讲解】孩子一层层打开包装物的过程是一个培养孩子专注力的过程。1 岁半左右的孩子，随着智力和身体活动能力的增强，这个时期是探索欲望最强的时期，对事物的专注力程度不高，这是正常的现象。游戏除了提高孩子的手意识和手技巧，更想通过游戏提高孩子的专注力。专注力不是指让孩子能安静下来听老师讲话，对于孩子来说是指对一个事物的集中的程度和时间。

给孩子一点空间

保护孩子与生俱来的专注力，也就是保护孩子的成长，让孩子把握住自己的未来，为此，家长应该多给孩子一点空间。

据现代科学研究，爬行不足或不会爬行，会影响前庭神经系统发育，导致儿童感觉统合发展不足，还会直接影响专注力，造成学习上的困难。很多聪明的孩子感觉统合不足，导致学习不好，这并非孩子故意不好好学习，而是孩子早期动作能力差，家长对孩子保护过多，活动空间狭小，儿童应有的摸、爬、滚、打等自然行为被人为破坏。因此，家长随时控制着孩子的行为，表面上看是一种细心的照顾，实际上对孩子的成长不利。不论多么幼小的孩子，都需要自己的成长空间。

下面是给家长的几点建议：

（1）为儿童预备一个不受干扰的家庭环境。

如果您的家庭条件容许的话，请一定要为孩子预备一个房间，这个房间里有专门为儿童设置的玩具架，高低正好能适合孩子自行取用；房间的色调统一、和谐；玩具都需要分类敞开地摆放在玩具架上，孩子可以依靠视觉自己独立地去选择。房间里同时备有给孩子画画的小桌子和凳子，最好还有孩子自己的电视和DVD，这样当孩子选择自己的活动时大人与孩子不会相互打扰。

另外，因为成长的需求孩子会喜欢躺着、坐着，所以地面最好有地毯或地板，或者一个薄的床垫。这样，妈妈在陪伴孩子的同时也有了休息的地方。在某些时候，家里来了客人也不会干扰孩子或者因为逗孩子而对孩子产生一些成长的障碍。这个房间是属于孩子的空间，孩子知道他可以在这儿自由地玩，即使孩子的房间乱一点也没有关系。在监护人情绪烦乱的时候，也可以选择离开这个空间躲到自己的卧室或客厅里，独自处理情绪而不至于影响到孩子。这个空间保护了您，也保护了孩子。实际上，除了这些好处外，不受打扰的空间也能使孩子产生了思考能力。

（2）带孩子常去一些不需要遵守很多具体规定的地方玩耍。

如果必须去一些场所，需要遵守很多规则的话，您就要事前告诉孩子并且为孩子预备安静时玩耍的东西。让一个孩子陪伴大人，什么也不做只是等待，那会让孩子发疯，最后也让成人发疯。

（3）建立基本的准则。

怎样保证父母不去打扰孩子呢？有三个准则可以保护孩子的

自由：①不可以伤害自己；②不可以伤害环境；③不可以伤害他人。比如：瓜瓜的妈妈看到孩子在教室的木地板上来回地跑动，发出很大的声音，影响了旁边午休的孩子，于是她跑过去脱掉了瓜瓜的鞋，让瓜瓜光脚在地板上跑，声音没有了。对于3岁前的儿童一定要这样做，3岁后的儿童您还可以告诉他这样做的理由。

现在我们看看家长该如何来掌握这个问题：四岁的孩子跟妈妈一起到了一个餐厅，餐厅的桌上放了一个装饰物，斜面的玻璃杯里盛着水，水里放着细小的石头，四岁的男孩要用手去抓。他伤害自己了吗？没有，他伤害他人了吗？没有，他伤害环境了吗？没有，那么家长该怎么面对他呢？毫无疑问，他可以去玩这个东西，父母是不可以在旁边啰唆、斥责或者禁止孩子的。在任何情况下，在任何时间里，只要儿童醒着，他都要活动。儿童不可能停止他的活动，只能够以此活动代替彼活动。活动是儿童成长的法则，人不应该也不能够跟自然法则来斗争。

下面是一位母亲的感悟，应该对那些整天和孩子“黏”在一起的父母们有所启发：

给孩子提供独立思考的时间和空间

如果妈妈看到孩子一个人坐在房间里，什么都没做，只是看着窗外的天空发呆，妈妈会怎么做？是给他一个玩具，还是跟他说别浪费时间呢？妈妈不要一看到孩子发呆就一副忍无可忍的样子，至少也应该关心一下孩子是不是有什么问题，妈妈似乎最看不得自己的孩子待着没事干的样子（即使只是短暂的发呆）。

彼得就格外喜欢沉浸在空想之中，特别是什么都不做，自己一个人沉浸在幻想之中。大多数人肯定会认为他不会在想什么重要的事情，而我看到彼得这样，却非常想知道这个孩子到底在想什么。

但是我没有干涉彼得。其实，不只是彼得，爱丽丝和南希在做完功课后，我也让她们回到自己的房间做自己的事情。彼得经常发一会儿呆后，就开始捣鼓一些组装品，还会掏出书来，在纸上画着什么。而爱丽丝和南希则喜欢编织一些东西，有时就画画玩。

他们有的时候就是呆呆地坐着，但是，不管孩子们做什么我都不会去干涉，只是偶尔我会引导他们做一些事情。

在这段时间里无论是画画、看书，还是玩玩具，都是孩子自己的选择。孩子们也有自己思考的时间和空间。

在我小的时候，父母除了一些规定的事外，绝对不干涉我们，给我们的时间就彻底由我们自己支配。小时候我不明白父母为什么这么做，随着年龄的增长，我终于明白了父母的用心良苦，他们这样做对我们的成长是非常有意义的。在自己自由支配的时间里，没有任何压力，我们可以按照自己的想法尽情地展示自己，做自己喜欢做的事。只有那时，我们才能体现自己真正的个性。

爱丽丝、彼得、南希的思考方式、喜欢做的事情、处理事情的方法各不相同。小时候我就给了他们充分的自由时间，没有别人的干涉，在自己的时间和空间里可以自由地思考，这培养了他们各自的性格。

白天大家一起听的音乐，他们回到自己的房间后会自觉地再听一遍，这样他们的理解就会更加深刻。画画的时候，他们会用画笔描绘自己的未来。通过涂鸦似的乱画、编织东西，他们对自己喜欢的颜色和形象有了更新的认知。

随着年龄的增长，孩子们的学习任务越来越重，时间也越来越紧张。但是，越是这样的时候，我给孩子们自由的时间就越多。因为孩子需要自己考虑的问题也越来越多。

妈妈们总津津乐道于那些学习起来废寝忘食的孩子，对这样的孩子总是赞不绝口。真的有这样的孩子吗？大概学习好、听话的孩子会这样。但是将所有时间都花费在课本上的孩子，就失去了在自由时间发挥自我的机会。

我相信在给孩子的自由时间里，孩子们会选择自己奋斗的方向。自由时间越多，孩子越能明白自己应该做什么。

彼得小时候总喜欢拆东西。上高中时，他在全国科学大会上获得了发明奖，这都是因为我给了他充足的思考时间，让他找到了自己的特长。如果只是一味地督促彼得学习功课，不要浪费时间，恐怕连彼得自己都不会发现自己有那方面的才能吧。

韩国的妈妈们都有奇怪的强迫症，他们希望孩子不停地学习，从早到晚跟在孩子们后面，每一件事都要指指点点。为了能超过同龄的孩子，妈妈们把自己的孩子训练得像牛一样，在各个培训学校之间穿梭。

妈妈无法忍受孩子有空闲的时候，孩子失去了仰望蓝天，享受阳光的快乐。甚至学习的时候，只要笔一停都要招来妈妈的批评。这些妈妈们根本不知道在教育孩子的时候，给他们自己思考的时间是多么重要。

孩子们在这样的环境下成长，不用说建立自己的个性、培养自己的才能，恐怕连休息的时间都不够吧。处在这种没有喘息空间的生活中，孩子们早就已经疲惫不堪了。没有自己思考的时间，就不会有发展的机会。

不只如此，总是处在妈妈的监视之下，孩子会变得做事缩手缩脚，对世界有着极端的看法。

孩子需要自己进行思考，塑造自己。只有给了孩子适当自由的时间，孩子才能拥有更大的创造性。父母不能剥夺孩子的自由，更不能去强加管制，无论谁都有决定自己人生的权利。

如果真的为孩子的人生着想，就要给他们属于自己的时间。给他们一个没有任何人干涉，可以自己思考、享受、塑造自己的世界。

根据国情培养孩子的专注力

给孩子一点空间，并不意味着放任，给孩子一些自由，也不是让孩子想怎么样就怎么样。孩子的成长通常是在一个既定的环境中，倘若脱离这种环境来培养孩子，往往适得其反。这个既定的环境，就是我们所说的国情。

这些年，形形色色的教育品牌应运而生。特别是 0 ~ 3 岁的亲子教育有如雨后春笋般涌现得到处都是，大有鱼龙混杂、泥沙俱下之势，让那些没有一点鉴别能力的年轻妈妈们看得眼花缭乱，不知道应该选择哪个品牌的教育机构才好。

一些家长感到有一个共同的困惑。特别是白领阶层的妈妈，也许她们想得更远更多，她们想如何使自己的孩子能够和世界尽快接轨，所以看的书也多，想的也就多。她们共同的特点就是在孩子还很小的时候，几乎两三岁，就和他们和平共处；孩子想干什么就干什么，孩子的要求基本都能得到满足；有了错误，家长不厌其烦地和孩子讲道理；完全把孩子当成一个成年人对待。这些妈妈认为，只有这样做，和孩子平等，尊重他们，关爱他们，才能够培养出独立性强的孩子。而且，一旦批评了孩子或者没有满足孩子的要求，孩子哭闹或有情绪时，妈妈几乎立刻就会想到，这样做会不会伤孩子的感情，会不会使孩子产生心理问题。有人问这些家长是从哪里得到这种教育方法的，她们几乎都异口同声地说，是书上介绍西方发达国家就是这样教育儿童的。

有不少贵族幼儿园也在遵循着这种理念教育孩子，孩子在园里很自由，想干什么就干什么；不想做什么，就不做，老师也从不强迫。而且绝对是以赏识教育为主，即使天天迟到，老师也会说："不错，比昨天早了 5 分钟。"不管是不是做得好，"我是最棒的！"都永远挂在孩子的嘴上。这样的幼儿园孩子确实愿意去，因为没有约束，自由自在又天天听到表扬。所以家长也满意，因为多数家长是把孩子喜欢的就认为是符合儿童心理的，并且盲目地认可这样的教育，以为这就是所谓的"西方教育"、所谓的"独立、自由、爱的教育"。

但结果是大量浮躁的、对抗的、没有规矩、注意力涣散的孩子出现。课堂上坐不住，知识学不进去；家长喊做什么，不喜欢做的就不做；自己想做的，想方设法也要做到；只能听表扬，一点不如意就不高兴；不能遵守最起码的规矩；吃不得苦，受不得半点委屈。这样的孩子确实“个性”很强，孩子越大，家长越觉得难以管教。

已经有一些经过这样教育的孩子从幼儿园里毕业，走入小学，但因为不能适应小学的学习环境，自己提出退学；同样，也有一些小学，尤其是有名的重点小学，也拒收这种“高不成，低不就”的孩子。人不是物品，产品做坏了，可以淘汰重做。但人一旦教育出了问题，那要花费多少精力和心血重新教育，而孩子和家长的心里又要承受多少痛苦。因为被改造是痛苦的，纠正坏习惯要比培养好习惯难得多。尤其是当这些孩子 11 ~ 12 岁，进入少年叛逆期时，再教育就更是难上加难。

美国的教育学家得出一个结论：如果孩子到了 11 岁还不能纠正坏习惯的话，那就很难纠正了。因为到了叛逆期，生理的发育造成必然的反抗心理，或者说，处在这个年龄段的孩子，对一切几乎都是专门反抗的，你越要我做什么，我就越不做什么，就是要对着干。所以在 11 岁之前，家长一定要尽快地纠正孩子的不良习惯。而很多的不良习惯，都是在“放任”和“溺爱”中教育出来的。

也许有人会问，难道发达国家的孩子们也都是这样反抗的吗？这样片面的比较没有意义，问题的关键是：我们并不了解西方发达国家，不了解他们的国情，不了解他们的文化，不了解他们的传统，更不了解他们的教育。我们只看到了一些表面的皮毛，甚至把他们也认为不正确的，也在努力纠正的东西，当做是好的主流在学习着。

有专家认为，对于中国孩子来说，3 岁以前的教育主要是培养幼儿守规矩和服从的习惯。3 岁之后，培养孩子的独立性和自主性才是教育的重点任务。在 3 岁前孩子已经习惯于守规矩，知道了什么事情该做，什么事情不能做，是非观基本形成。这时再培养孩子的独立自主行为时，就有了保障的前提，即孩子不会做出格的事情。

为什么这样说呢？因为国情如此。我国的国情是怎样的呢？我们并没有 18 岁就一定要离开家庭自立的传统，不但没有，孩子成长中的各个阶段家长都亲自设计，帮助他们渡过各种难关；恋爱婚姻要插上一手；成家立业后，还要指挥。近年来，甚至退化为家长要“养孩子一辈子”，社会上出现了大量的“啃老族”。一方面是要“养一辈子”的孩子，一方面又要对孩子实施“民主、自由”的“西方式教育”，百般呵护，万般宠爱下，还要给孩子足够的自主权。可以想象，这样教育出来的孩子会是什么样子。

在孩子还很幼小的时期就开始这种教育，恰好是在习惯形成的关键期中，在还根本不可能建立是非观念的时期，就“想做什么就做什么”、“不干涉孩子的独立意识”，是很危险的。如果父母辛辛苦苦把孩子养大，他们不去工作，要父母供养他们，而且因为孩子太有主见，太有自主权，他们还会提出许多父母不能接受的要求，如果不能满足他们的要求，甚至会做出更过火的事情。家长一定要清醒，这种教育方式放在现在的环境下，就成了一种“放任”教育，很可能培养出自私自利的、叛逆的、不负责任的、甚至是暴力的反社会型的人。

孩子品德习惯的养成期是在 3 岁之前，这时需要在严格要求下，使孩子的规矩意识和行为习惯树立起来，知道该做和不该做的事。到了五六岁时，才可以逐渐和他们讲“民主”、“平等”。这时的自主权，也只是从很小的事情做起，例如，今天出游，去爬山还是到公园？吃快餐是去肯德基还是麦当劳？给孩子一种被尊重的感觉，逐渐培养独立思考的心态和习惯。大胆放手让孩子自己去思考，但事情的最终决定权依然要掌握在家长手中。同时，自己的事情一定要放手教会他们自己去做。如 1 岁多自己走路，开始自己吃饭；2 ~3 岁自己洗手、穿衣；4 ~5 岁自己整理内务、开始参加家务劳动等。这样教育出来的孩子才真正是一个做事有计划、有条理的，具有独立能力的人。

另外，虽然我们现在的教学改革、考试改革、课程改革、教材改革都正在大跨步地进行中，但高考制度可能还要延续至少 20 年甚至 30 年不变。因为在当前形势下，高考制度还是有着相对的公平性的。那么在这种形势下，我们的课堂教学也依然要孩子们坐在课堂中专注地听课。既然是这样，那我们要培养孩子的一个重要习惯就是：能够安安静静地坐在教室中，专心听讲。而这种习惯的养成一定是要从小养成的，而且是从小养成守规矩的孩子容易做到的。一个从小就可以“不做什么就可以不做”的孩子，是不可能在上学后突然会变得自觉遵守课堂秩序，乖乖地坐上 40 分钟，那简直就是“天方夜谭”。因此“放任”教育是不可能教育出安静的心态和坐得住的习惯，是不可能自觉进行刻苦学习的孩子，往远处看，是不可能成为爱学习、成绩好、家长所希望的“龙、凤”。所以在孩子幼小时，培养守规矩、服从秩序的好习惯还是中国历史和社会发展的必然需要。

按照中国的国情和我们的文化培养是非常适合中国本土的孩子。家长们，即便您不认同这样的观点，也请深思。

学习音乐能提高孩子的专注力吗

一、每天学习音乐 10 分钟帮助孩子提高专注力

让小学生学拉小提琴，对他学习算术会有帮助吗？学习舞蹈或者绘画的孩子，推理能力或阅读能力会有所改善吗？

很多年来，美国不少中小学校为了保证学生能集中精神，顺利通过语文、数学等科目的测试，而撤销了艺术类课程的设置。

然而，据美国《洛杉矶时报》报道，最新一系列大脑研究的成果发现，艺术教育能对学生学习其他各种科目起到积极作用。虽然目前还没有任何可以付诸课堂教学的结论性成果，但是专家已经在教育学和神经学之间建立了一个新的跨领域学科。

很多对艺术教育的研究都以音乐对大脑的影响为重点。波士顿大学的艾伦·温娜和哈佛大学的高特菲·施拉格一直在研究的课题是，学习弹钢琴或者拉小提琴的孩子，在学校中学习其他课程的表现。

温娜的研究发现，花少量时间进行音乐培训的孩子，比如一周一次半小时的课程，每天 10 分钟左右的练习时间，的确能使他们的大脑结构发生变化。

温娜还说，这些学生在其他要求手指灵活度的科目测试中也

表现得比未进行过音乐培训的孩子强。

“这是第一次有数据和研究证明，学习音乐对孩子大脑可塑性有积极的作用。”施拉格说。不过，此项研究展开 15 个月后，并没有发现这些学习乐器的学生在算术或语文学习上有什么优越性。

二、学习乐器能培养孩子的专注力，这种观点是否正确

音乐是有力量的，它不但可以影响人的智力发展，还可以影响人的情感发展、人际交往能力、语言能力等多种智能的发展，特别对孩子的专注力发展有很好的促进作用。比如，通过体态律动影响孩子注意力的集中；通过欣赏活动，影响孩子的注意力的持久；通过综合音乐活动来影响孩子的注意力的分配等等。

学习乐器是要孩子的音乐能力更上一个层次，并且掌握一种技能，但不是最根本的。由于学音乐、学乐器的过程就是一个设定目标，努力克服困难使之实现的过程，可以说，这正是我们对待人生的最基本的练习题。每天做这样的习题，注意力集中、持久、意志力的坚定，都会在这过程中逐渐形成，更重要的是，它将使我们慢慢地养成良好的心理素质，既有远大抱负，又能锲而不舍地努力进取。

三、除了学习乐器，其他形式的音乐学习对孩子专注力的发展有影响吗

匈牙利著名音乐教育家柯达伊曾经讲过：“一个深入的音乐文化只能在歌唱的基础上发展起来。音乐之根在于歌唱……儿童音乐活动开始阶段最重要的是体验、感受。在匈牙利的幼儿园

中，歌唱往往是以歌唱游戏的方式出现，特别是在底龄班。”我们也应该充分运用柯达伊的理念，注重儿童的歌唱训练，因为音乐这门艺术是需要参与的。

音乐的奥秘首先在于它有待于人们亲自去“做”，这个“做”有着多方面的含义，绝不是只限于创作。“做”音乐最首先和重要的一点，在于去唱它。人声是天然的、最好的乐器，歌唱也正是人类最自然、最亲切、最直接从事音乐活动形式和方式，每个人都可以参加的艺术活动。

在歌唱时，孩子不仅是用嗓子在唱，孩子要用耳朵去听，去监控是否唱得准确，这就要求孩子必须专注地唱歌，久而久之专注力自然得到提升。

在对孩子进行音乐能力的发展时，也不能忽略对孩子灌输基本的音乐常识，要重视幼儿音乐学习技能以及一般学习技能的培养，如专注力、记忆力、表达能力、创造力。如果教育只是提供让儿童快乐的内容，忽略学习技能的培养，那么让生命和谐地发展到头来就是一句空话。因为儿童的发展是建立在一个个实实在在的成功基础上。不但要让孩子从中获得学习的兴趣，获得自信，也由此获得成功的喜悦，他们会对所学习的内容更专注。

饮食和体育活动影响注意力

注意力与饮食也有关系。孩子经常吃甜食或糖，这样孩子的注意力就可能比较差，因为糖所产生的胰岛素会直接刺激神经的注意力。台湾有个学者专门研究孩子的注意力，几个孩子一起参加他的注意力培训班，取得了不错的效果，但是有两个孩子注意力还是不理想，其原因在哪里呢？通过调查他认为，原因是这两个孩子喜欢喝可乐。夏天孩子们特别喜欢喝可乐，但是那可乐中的兴奋成分就是减低注意力的大敌。所以，家长要注意到这些，在孩子很小的时候要注意他们的饮食。

下面是一些针对专注力不足的孩子在饮食方面的建议：

1. 多吃青花菜、高丽菜、葡萄柚、青豆、绿茶、杏仁、红萝卜、地瓜、豆浆和番茄。因为这些蔬菜水果内含有丰富的抗氧化剂，可帮助 C 和 E 类维生素营养的完全吸收。

2. 早餐中一定要有一杯全脂或低脂牛奶，因为有足够的钙质可帮助一整天的学习和情绪反应。将牛奶稍微温热后再饮用，更可稳定孩子的情绪。

3. 多吃甘蓝、鲔鱼、沙丁鱼、菠菜。其中也含有丰富的钙质和铁质，帮助补充可能因喝牛奶不够多所缺的钙质。

4. 给孩子吃苹果、葡萄柚、葡萄、麦片粥。因为这些水果或食物中所含的完整碳水化合物或维生素 B，可舒缓亢奋和精神压力，对过动的孩子很有帮助。

5. 多吃带纤维的蔬菜。纤维对稳定血糖有一定程度的帮助，而血糖的变化将会影响一个人的情绪。甚至在有需要的情况下，可在孩子的牛奶或饮料中，加进一小汤匙的纤维。

6. 少吃在室温时会凝固的油类奶类制品。因此注意炒菜用的油。不健康的油，在室温时会凝结，会增加过动症状。

7. 禁喝可乐、奶茶等含咖啡因或高糖的饮料。因为咖啡因或高糖会让孩子亢奋而过动症状增加。

除了饮食对注意力有影响外，儿童参加体育活动也有助集中注意力。美国一项最新研究发现，让儿童参加体育活动能帮助他们在学习时集中注意力。

美国伊利诺伊州大学的研究人员在《神经病学》杂志上报告说："他们在研究中发现，每当参加完体育活动后，儿童学习时会更加集中注意力，而且学习成绩也会更好。这些体育活动包括体育课、课间活动以及放学后的体育运动等。"

为了解参加体育活动与集中注意力的关系，研究人员对21名年龄为9岁的学生进行了测试。第一天，研究人员让学生先休息20分钟，然后对他们进行一系列"刺激辨识"测试；第二天，研究人员让学生先在跑道上步行20分钟，然后再进行这项测试。

结果发现，如果刚参加完体育活动，学生们在回答问题时会更集中注意力，答案也更准确；而且问题越难，答案的准确率就越高。同时，研究也显示，刚参加完体育活动的儿童能更好地分配注意力资源，而不容易受噪音等因素的影响。

为了证实这一发现同样适用于改善学生在课堂上的表现，研究人员让学生们进行了阅读、单词拼写和解数学题三项测试。结果证明，如果学生在锻炼后进行测试会取得更好的成绩。

第三章　儿童感觉统合训练

什么是儿童感觉统合失调

有些孩子的注意力特别不易集中、记忆力差、做事丢三落四、学习成绩差、做作业拖拉、调皮多动任性、行为冲动、冒险。但精细动作差，如系鞋带、扣纽扣困难、讲话结巴不流畅、词不达意；有的又易紧张、胆小、退缩、偏执、爱哭、不合群、吃饭挑食或暴饮暴食。

过去，有的人将这些问题诊断为多动症，给孩子吃药、打针等，但收效甚微，而且还可能造成儿童发育不良；还有的家长认为孩子是性格问题，有意不听话，对孩子又打又骂，造成了孩子的身心创伤。

1970 年，美国的心理学家爱瑞斯首先发现了在 3 ~13 岁儿童中，有 10% ~30% 的儿童出现上述症候群，并且容易出现学习困难，研究发现它并不是智力发育有问题也不是教育上的问题，而是儿童大脑功能发育不协调，与大脑整合功能不完善不健全有关，需要进行心理教育来加以矫正。这是一个“感觉统合”的问题。

什么是“感觉统合”呢？我们通过眼睛、鼻子、耳朵、皮肤等感觉器官所接收的大量信息，必须经过大脑将其统合（分析处理），才能使整个机体和谐有效地运作。当大脑对感觉信息的统合发生问题时，就会使机体不能有效运作，这就是感觉统合功能失调。比如触觉敏感的孩子，对外界刺激的适应性比较弱，大脑前庭不能过滤掉那些不重要的信息，对一切都要忙着处理，这样的孩子就好动，情绪不安。

正常人在清醒时整合功能是正常的，但是某些儿童，因大脑皮层各部分区域兴奋程度不一样，部分区域或细胞核团功能相对活跃，这就造成了大脑皮层的协调性变差，整合功能就紊乱，从而导致上述症状的出现。随着独生子女的增多，儿童感觉统合失调的发生率有逐年上升的趋势。

那么，儿童出现感觉统合失调会有什么表现呢？

（1）前庭平衡功能失常：表现为多动不安，走路易跌倒，原地打圈易眩晕，注意力不集中，上课不专心，爱做小动作，调皮任性，兴奋好动，容易违反课堂纪律，容易与人冲突，爱挑剔，很难与他人同乐，也很难与别人分享玩具和食物，不能考虑别人的需要。有些孩子还可能出现语言发展迟缓，说话词不达意，语言表达困难等。

（2）视觉感不良：表现为尽管能长时间地看动画片，玩电动玩具，却无法流利地阅读，经常出现跳读或漏读或多字少字；写字时偏旁部首部颠倒，甚至不认识字，学了就忘，不会做计算题，常抄错题抄漏题等。

（3）听觉感不良：表现为对别人的话听而不见，丢三落四，经常忘记老师说的话和留的作业等。

（4）触觉过分敏感或过分迟钝：表现为害怕陌生的环境、吮手、咬指甲、爱哭、爱玩弄生殖器等。过分依恋父母、容易产生分离焦虑，或过分紧张、爱惹别人、偏食或暴饮暴食、脾气暴躁。

（5）痛觉过分敏感或过分迟钝：喜欢冒险行为，自伤自残，不懂总结经验教训。或少动，孤僻，不合群，做事缩手缩脚、缺乏好奇心，缺少探索性行为。

（6）本体感失调：方向感差，容易迷路，容易走失，不能玩捉迷藏，闭上眼睛容易摔倒，站无站姿、坐无坐相，容易驼背、近视，过分怕黑。

（7）动作协调不良：表现为动作协调能力差，走路容易摔倒，不能像其他孩子那样会滚翻、骑车、跳绳和拍球等。

（8）精细动作不良：不会系鞋带、扣纽扣、用筷子，手脚笨拙，手工能力差。

这些问题无疑会造成儿童学习和交往的障碍，尽管这样的儿童有正常或超常的智商，但由于大脑的协调性差影响注意力和记忆力、影响言语表达、影响人际交往，因而直接影响了儿童学习、生活、运动，也影响人际关系，妨碍正常的成长发育。

儿童感觉统合失调的原因是什么？人类大脑与其它动物最大的区别在于人类大脑发育存在幼态延续的现象，出生时人类大脑只发育了23%，剩下的77%在后天发育，这种庞大的可塑性为人类适应环境提供了非常广阔的天地，当然大脑的发育本身也需要外界刺激源的引导，但当今中国家庭多为独生子女，不但伙伴少了，而且多数家长对他的掌上明珠存在过分保护的问题。儿童应有的摸、爬、滚、打、蹦跳等行为，在发育的自然历程中被人为破坏。

儿童该爬的时候没爬，日后可能出现协调性差、平衡感差、该哭的时候不让哭，口腔肌肉缺乏锻炼，心肺功能弱，甚至语言表达能力差。独生子女出现感觉统合障碍的主要原因是：缺乏运动、缺乏游戏、缺乏大自然的熏陶。当然先兆流产、怀孕时用药或情绪处于应激状态、早产、剖宫产等也是导致儿童感觉统合失调的主要原因。

儿童感觉统合失调引起家长和老师的关注。这些有问题的孩子在幼儿时也许不会表现出来，到学龄期，就会在学习能力和性格上表现出这样那样的障碍。与其他正常孩子相比，在学习能力方面可能显得十分笨拙、人际关系敏感或社交障碍、心理素质差，让家长和老师非常操心。

家长和老师应及早发现孩子的这些行为问题并及时进行心理治疗辅导，否则，会影响孩子的智力发育和学习能力发展。造成孩子学习基础差、心理发育迟缓和人际关系障碍，进而出现厌学、逃学、撒谎等行为问题，甚至会出现品行障碍，长大了就会延续为人格障碍，变成犯罪的易感人群。

儿童感觉统合失调的社会因素

产生感觉统合失调的主要原因大致分为：城市儿童生活都市化、现代家庭小型化，家长过分看重“第二课堂”等。正因为有了这些社会因素，致使学龄儿童的活动空间不断缩小，从而导致孩子在成长过程中应有的各种感觉刺激机会大幅度减少。

有一位孩子的父亲在地质勘探队工作，常年不回家，而母亲又在纺织厂上轮班，孩子家住高楼，一个人跟年逾花甲的奶奶生活。因此他的生活十分机械与单调，平时除了上学，就是回家做作业，或看看电视。这种封闭的生活自然会使孩子接受外界感觉信息刺激的机会减少，产生感觉统合的失调也就在所难免。

还有不少双职工更没有足够的时间与精力照顾孩子。我们时常可见父母上班后，孩子一个人独守门户的现象。单就一个“独”字，就给孩子的身心健康成长与感觉统合能力的增强带来许多不利的因素。

他们大多数被父母过分娇宠，养成孤僻任性的性格，再加上又没有伙伴群的关注，不习惯群体生活，依赖性强，独立生活能力差，一旦父母婚姻破裂、家庭解体，孩子的心理失衡要比大家庭中的孩子严重得多。心理失衡是能够严重削弱人的感觉统合能力的。据资料显示，在少儿犯罪中，60%是因为父母离异，家庭不幸、心理失衡所造成的。

黑龙江省曾经对7~11岁孩子的调查显示，有90%以上的孩子学过钢琴、电子琴以及舞蹈、美术等。同时，调查也显示，60%的儿童不会系鞋带，不会穿衣服，甚至连球也拍不了几下。

现实生活中，不少家长总是将成人社会的竞争意识，过早地灌输到了孩子身上，从而加重了他们的心理负担，而孩子自己应有的、感兴趣的东西受到了缺乏理智和无情的压制。在这样环境中学习与生活的孩子感觉统合系统怎么会不失调？

怎样预防儿童感觉统合失调

根据2008年一项对南京地区2486名6～11岁的学龄儿童调查显示，34.9%的学龄儿童存在不同程度的感觉统合失调。据医学专家表示，从接诊情况看，现在各种行为、感觉异常的孩子明显增多，最突出的表现就是孩子在处理各种事情时显得“不协调”，即儿童感觉统合失调，就是对外界各种感受刺激信息不能在大脑中枢系统进行和谐有效组合，造成整个身体不能和谐有效地运作。如孩子出现好动不安、丢三落四或动作不灵活、易碰撞跌倒、语言能力发育迟缓、学习障碍等。

专家分析说，导致儿童感觉统合失调不断增多的主要原因在于“都市化”和“小家庭化”。婴幼儿活动空间不足，使得发育期的孩子应有的运动不足；现代化的高层建筑使孩子失去了在庭院玩沙子、玩水的享受；生活方式改变，以学步车代替了强化平衡感的摇篮；都市化的生活，使得孕妇易紧张焦虑，合理运动不够，影响胎位和分娩方式。另外，“小家庭化”使孩子的成长环境圈子越来越小，孩子从幼儿时期就缺少玩伴，失去许多学习等待、分享和磨炼机会。

专家提醒，预防儿童感觉统合失调则应从孕期开始，孕妇要注意适当运动和合理饮食，提高孕期生活质量。在婴幼儿时期，则应让孩子尽可能多地感受到来自外界的刺激，多一些户外活动等。让宝宝多做左右翻滚、匍行、爬行的练习，等到孩子再大一些可训练走平衡木、荡秋千、做旋转游戏等，并且早期进行精细动作练习，如让孩子自己扣扣子、系鞋带等。平时应鼓励儿童自己动手，包括日常生活、饮食起居，充分的活动锻炼有助于大脑统合能力的提高。

家长还要尽量创造条件让孩子走出高楼与孤独，给孩子找几个同龄的小伙伴，让孩子在与别人的交流与沟通中，刺激、调整与强化自己的各类感觉统合能力。在日常生活中，家长不要用溺爱或者不信任的目光包办孩子的一切，只要有可能，孩子的事就让孩子自己去做。因为这样，孩子不仅乐意，有积极性，而且也在其中提高了自己的心理素质。比如，孩子遇到一些小小困难向家长求助时，家长可以鼓励孩子“想个好办法”，自己动手；孩子在吃零食时，家长就可以通过“零食”向孩子发问，让孩子与外界事物、季节、地理等产生联想；同样，在孩子玩耍时，家长也可以这么做。因为，想象正是孩子的感觉与外部事物进行碰撞的“火花”，其中产生的“火花”就是新的信息，新的刺激，从而使自己的感觉统合能力在原有基础上得到提高。

家长还尽可能让孩子参加体育活动，如打球、游泳、跑步等，而不是用各种各样的学习班剥夺孩子的游戏、填满孩子的生活、增加孩子的压力。适当的体育活动不仅使孩子健康、充满活力，而且能调整、刺激与提高孩子的本体统合能力。更有意义的是，本体统合能力的提高，对纠正孩子其他统合能力的失调起到相当重要的基础作用。

父母还应该认识到，创造和谐的家庭环境，对孩子健康成长有很重要的作用。父亲有饮酒、吸烟嗜好的家庭，儿童感觉统合失调率高。这也可能与母亲、胎儿被动吸烟有关，注重母孕期和围产期保健优生，避免各种有害因素。

儿童心理发育及良好的行为模式，需要安全，稳定的家庭环境，不和睦的家庭环境及武打片的血腥场面，会使儿童处于警戒、应激和模仿状态，易导致儿童感觉统合失调。家长应选择适合儿童观看的动画片，避免暴力、恐怖的节目，有利于儿童的心理发育。

对于那些已经出现轻微感觉综合失调的孩子，父母对此不能过于焦虑，要对感觉统合失调的孩子进行一些体育游戏的训练，坚持不懈。

感觉统合训练原则

所谓感觉统合训练，就是针对纠正儿童感觉统合失调现象而精心设计的运动项目，在运动中大脑得到更多感觉输入。如滑板、平衡木、平衡台可以改善前庭平衡功能，滑板俯卧滑行爬地推球对触觉统合不良有较大改善。而抛接球类、拼插主要促进视觉运动功能的发展，由此提供感觉刺激，以改善孩子对该感觉的加工组织能力，使孩子们很好统合、分析、判断、处理这些感觉，做出适应性反应，大脑功能由此完善，感觉统合失调现象得以纠正。

过去，感觉统合训练只用以儿童“感觉统合失调”（学习、运动、社会适应等方面障碍行为）的矫治，今天，感觉统合训练已被引入课堂，成为提高儿童思考、解释事物的综合性和整体性水平，促进儿童行为素质发展的教育手段。

目前，感觉统合教育正逐步为幼儿教师所认识，很多幼儿园也在尝试开展这方面的教育。

感觉统合训练包括提供前庭、本体和触觉刺激的活动。训练中指导儿童参与各种活动，这些活动是对儿童能力的挑战，要求他们对感觉输入作出适当的反应，即成功的、有组织的反应。新设计的活动逐渐增加对儿童的要求，使他们有组织的反应和更成熟的反应。在指导活动目标的过程中，重点应放在自动的感觉过程上，而非指导儿童如何作反应。在一个学习活动中，涉及的感觉系统越多，学习的效果越好。

感觉统合训练过程几乎总是让儿童感到愉快，对儿童来说，治疗就是玩，成人也可以这样认为。但训练同时也是一个重要的工作，因为训练中有老师或训练人员的指导，儿童不可能在没有指导的游戏中取得效果。设计一个游戏不只是为了愉快，而是让儿童更愿意参与，从而使他们从训练中获得更多的收益，为儿童获得一个肯定的成长经验而设计这样一个训练。

感觉统合训练看起来像是体育训练或是在做游戏，但实际上是训练孩子的手、眼、脑等身体各器官的协调性，使他们能集中精力在相当长的时间内完成一个任务。训练的内容很多，每次让孩子进行八九项训练，其中包括体能训练和脑力训练。每个孩子均由心理医生根据每个人感觉统合失调程度安排不同的训练课程。比如通过滑梯、摇筒、爬行等提高孩子的推理能力；用羊角球、紧抱圆桶转、翻跟头、打滚增加孩子的触觉学习；用拍球、跳绳来锻炼孩子的协调性和集中注意力等等。在体能训练结束后，一般要进行一些特殊的训练，内容包括语言、数学、记忆、图形识别和空间知觉等脑力活动，目的是使孩子的左右脑协调起来。

感觉统合训练的一般目标：

1. 提供给儿童感觉信息，帮助开发中枢神经系统；
2. 帮助儿童抑制和调节感觉信息；
3. 帮助儿童对感觉刺激作出比较有结构的反应，最终目标是增强孩子的组织、学习、集中注意的能力。

感觉统合训练的原则：

1. 训练当中要让儿童感到快乐而不是压力；
2. 训练中儿童是主角，要尊重儿童对感觉刺激的需要和选择；
3. 通过控制环境给儿童以适当的感觉刺激，从而改善其感觉统合能力，使儿童能作出适应性反应，不要教孩子如何做；
4. 训练过程中，给孩子以积极的反馈，并与家长分享孩子成功的喜悦。

感觉统合训练效果

通常，儿童感觉统合训练首先由心理专家测查和诊断孩子的感觉统合失调程度和智力发展水平，然后制定训练课程，通过一些特殊研制的器具，以游戏的形式让孩子参与。一般经过1～3

个月的训练，就可以取得明显的效果，孩子的学习成绩、逻辑推理能力、记忆能力、运动协调能力、人际关系、饮食和睡眠、情绪等方面都会有提高和改善。其中，儿童的智力水平也可以得到不同程度的提高。

感觉统合训练的关键是同时给予儿童视、听、嗅、触、关节、肌肉、前庭等多种刺激，并将这些刺激与运动相结合。感觉统合训练对改善儿童注意力集中程度、运动协调能力和提高学习成绩等都具有明显效果。

一、感觉统合训练对脑神经生理抑制具有改善作用

感觉统合训练主要通过改善儿童的手眼协调能力，使运动速度和稳定性都得到提高，中枢神经系统对运动的协调能力增强。感觉统合训练对提高儿童精细操作能力、视觉辨别能力和反应能力均有明显作用。

二、感觉统合训练可以提高运动协调能力

感觉统合训练对儿童运动平衡能力差及动作不协调效果显著。对那些运动协调能力差的儿童，训练后能得到显著改善。

三、感觉统合训练可提高儿童学习成绩，改善其厌学情绪

感觉统合训练不仅是对生理功能的训练，还涉及心理、大脑、和躯体之间的相互关系，儿童通过训练可增强自信心和自我控制能力。儿童经过一段时间的行为集中训练后，动作变协调，情绪变稳定，注意力改善，对于学习困难的儿童，参加感觉统合

训练后学习成绩会显著提高。

欧美各国，日本等发达国家和中国台湾地区从20世纪70年代兴起儿童感觉统合训练，现已发展成每个小学校都设有感觉统合训练室，取得了很好的效果。

近几年，国内也引进、开发了这一训练理论和技术，在临床实践中也取得了明显的疗效。临床实践表明，参加训练的儿童都有不同程度的改善，其中85%的受训儿童收到了显著的效果，结合药物治疗的话显效率可以达到95%以上。儿童感觉统合训练适合解决3～13岁有学习困难或行为问题的儿童。

小茜是个上过两次一年级的女孩。她胆子特别小，刚上学的时候，见到厉害的教师就不由自主地用胳膊挡住脸。她读课文总是丢三落四，还经常把数字写反，有次考试才得40多分。老师急着让家长带她去测智商，可测得结果是智商正常。明智的母亲知道这样下去会毁了孩子，便让孩子换了个学校重读一年级，后来她听说有个“儿童感觉统合训练”，便抱着试试看的心情来到训练中心测试，结果是小茜的感觉统合功能中度失调，其中视觉和触觉发育都不是太好。

妈妈下决心带孩子来训练，经过20多次的训练，变化真的在孩子身上发生了。学校老师告诉她，小茜现在听课注意力特别集中，学的生字当时就记住了，考试几乎总能得到好成绩。不仅如此，小茜的胆子也变大了，当她在课堂上举手发言时，坐在后面的妈妈简直不敢相信。还有一个男孩，老师让他用双脚夹住一个圆球蹦跳，他试了很多回也夹不住，脸涨得通红。肚子里的无名火好像正在一股股往上蹿，可他终究没有发脾气。孩子的父亲告诉我，他孩子的“问题”就是脾气特别大，以前一不高兴就要闹起来，对谁都这样。参加感觉统合训练后，孩子的自控能力明显提高了，作业也写得快了。

专家认为，感觉统合失调，3 岁前是最佳预防期，3 ~7 岁是最佳期治疗期，13 岁为可治疗上限。在一些发达国家，感觉统合训练已经成为幼儿教育的最基础的概念，在中国台湾，也已列入幼儿园和小学的常规教学内容。

不过，感觉统合训练毕竟是一种“补课”，而不是治疗孩子毛病的万能药。与其孩子上学后着急上火，不如从小防患于未然。感觉是人认识世界和心理发展的第一步，让孩子多活动，接受各种感觉刺激，就是让孩子的大脑得到足够的营养。孩子在活动中了解了周围环境，了解了社会，也了解了自身。

感觉统合教育别走入误区

目前感觉统合教育受到重视，然而像许多新的教学模式出现时所存在的问题一样，个别教师盲目跟风，死搬硬套，使原本有利于幼儿身心和谐发展的感觉统合活动发挥不出应有的功能。

现象一：把感觉统合活动简单地理解为运动难度和幅度大的肌肉运动，重视身体动作的平衡协调，而忽略以精细、安静为主的感官训练。如一开展感觉统合活动便认为是纯体育锻炼，甚至以感觉统合活动代替体育活动。

现象二：盲目地进行统一训练，忽视了儿童之间存在的个体差异。如进行增强前庭功能的训练时，教师没有就幼儿的前庭功能情况进行分析，让每一个幼儿都接受同一强度的训练，造成一些前庭功能不够协调（如易晕车）的幼儿训练过度，对身体造成不良的影响。

现象三：盲目地增加活动量，增大活动强度或难度，忽视了幼儿的承受能力。如利用滑板进行前庭感觉、固有感觉、触觉等训练，教师组织幼儿进行俯卧滑行持续时间应以多少为度为宜，没有经过科学的测量，过大的活动量或活动强度对正处于骨骼发育关键时期的幼儿来讲是否造成影响实在值得商议。再如，有的教师把一些难度太大，以至幼儿花很大的努力仍无法完成的活动提供给幼儿，使幼儿产生新的学习障碍。

家庭感觉统合训练小方法

由于各种原因和条件的限制，目前，正规的感觉统合训练只是集中在相当有限的范围之内，不能满足大多数家长的需要。而且，感觉统合失调的问题关键在于预防，越早训练效果越好。为了解决这个问题，这里介绍几种由家长配合可直接在家里进行的游戏训练方法，多做这些训练可以使小孩左右脑平衡发展，既简单有效又能促进亲子关系，希望能给家长们一点儿帮助或启示。

一、与别人玩接球游戏

训练目的：社交能力/手臂的运动能力。

训练要求：家长与孩子对面而坐，家长把球递给儿童，鼓励儿童把球同样递给家长。

难度设置：（1）开始时家长可把球直接放入孩子手中；

（2）家长把球伸向孩子，鼓励他/她伸手来接球；

（3）当孩子主动把球给家长时，家长应该说“谢谢”。

帮助提示：如果孩子没有接球、给球的主动性，请另外一位成人给予身体指导，直到孩子开始有主动接、给球的意识，逐渐地撤销给予的帮助。

二、能抓着滚动的球，并把它推回去

训练目的：手臂的运动能力/手眼协调。

训练要求：家长与孩子面对面坐在桌子两端，家长把球推给孩子，鼓励他伸手把球接住并推回给家长。

难度设置：（1）开始时需要在一手臂的距离内进行推、接球，鼓励孩子双手接球。推球则用右手从右往左推。

（2）逐渐地把距离拉大，并鼓励孩子用双手往外推球，用单手接球。

帮助提示：开始时需要另外一位成人的身体协助，注意培养孩子在每一难度的独立操作技能，然后逐渐撤销帮助的程度。

三、能两步1级上楼梯

训练目的：训练平衡力、协调及独立行走能力。

训练要求：孩子能踏出右脚上一级楼梯，然后把左脚踏在同一梯级。

难度设置：（1）扶着扶手或家长的手踏楼梯；

（2）独自踏楼梯。

帮助提示：开始时，家长可站在上一级楼梯上，伸出双手协助孩子并同时给予口头指令“上！”；如果孩子不合作，可把干果放在楼梯上，等孩子踏上后给予奖励。

注意开始时可在每一梯级放干果，逐渐地，只在几级楼梯或最后一级楼梯上才放。不论孩子如何哭闹，要坚持让孩子配合才能给予奖励物。

四、能弯腰并用手触摸脚指头 5～10 次

训练目的：增进身体的柔软度及体能。

训练要求：在孩子的脚趾头上分别贴一贴纸，让儿童弯腰揭下。

难度设置：（1）开始时先让孩子把脚放在矮凳或最后一级楼梯上尝试，并且只揭 1～2 张贴纸便可；

（2）孩子掌握技巧后可要求一次性揭掉 5 或 10 张贴纸。

帮助提示：家长需要在孩子旁边或身后协助，用双手轻压孩子的双膝，如孩子无法同时弯腰及伸直膝盖，可让他扶着桌子的边缘进行尝试。

五、会走上、下倾斜约 15 度的小斜坡

训练目的：重心、平衡、膝盖及小腿肌肉的控制能力。

训练要求及帮助提示：上斜坡，开始时家长先站在斜坡上孩子跟前，拉着孩子的双手协助；孩子的技巧纯熟后可站在其身

后，只在他有需要的时候推或扶持孩子前进。下斜坡开始时家长站在孩子身后，双手从孩子双肩上往下放在孩子胸前，鼓励他扶着你的手下斜坡；孩子的技巧纯熟后尝试在他双手放置两件小玩具，让他在不用搀扶的情况下下斜坡。

难度设置：（1）走上斜坡；

（2）双手拿物走上斜坡；

（3）搀扶下下斜坡；

（4）独自下斜坡。

六、能倒走3～5步

训练目的：孩子空间概念，协调身体的能力。

训练要求：孩子能沿着一条直线倒退着走路。

难度设置：（1）开始时只要求孩子随意在地板上倒走；

（2）孩子熟悉初步的要求后，要求他在扶持下沿直线倒着走；

（3）要求孩子独立地沿直线倒着走。

帮助提示：（1）如果孩子开始时不领会，需要给予身体指导，如：一人在前面扶着他的双手，另外一人在他身后轮流抬起他的左右脚往后移；

（2）偶尔地给予身体协助。

七、擦背游戏

训练目的：加强肌肤的接触刺激。

训练要求：给孩子洗澡时，用海绵或毛巾轻擦孩子的背部，从上到下、从左到右，按顺序擦，也可打圈式地擦。

八、呵痒痒

训练目的：加强肌肤的接触刺激。

训练要求：家长用手挠孩子的头颈、胳肢窝、脚底等皮肤触觉敏感处，手的力度一阵轻一阵重，如果孩子害怕，或抗拒，先对其全身肌肤轻轻地抚摩，等孩子习惯以后再逐渐地把时间延长。

第四章　专注力失调

警惕“专注力失调”

2009 年 9 月 13 日，中国香港公布一项名为“香港家长及教师对专注力失调过度活跃症的认知调查”显示，香港中一至中三学生“专注力失调过度活跃症”的发病率，男、女学生分别达到 5.4% 和 2.5%。调查更显示，香港 90% 儿童曾出现“专注力失调过度活跃症”症状。

小朋友上课不专心或喜欢插嘴，很多父母认为孩子仅是“比较顽皮、活泼好动”，其实不然。香港儿童青少年心理与精神科学会精神科专科医生邓振鹏称，专注力差、对周遭事物缺乏耐性的孩子，极可能患上了“专注力失调过度活跃症”。

这项访问了逾 500 名教师及 500 名家长的调查显示，绝大部分受访者的子女和学生在过去 6 个月，曾出现“专注力失调过度活跃症”症状，比率高达 90%。45% 家长表示子女出现“专注力失调过度活跃症”会影响其家庭生活，同样，近 80% 教师也表示学生出现该症状会对其教学造成影响。

邓振鹏指出，“专注力失调过度活跃症”对孩子社交及情绪均会造成影响，致使孩子出现多动、冲动等症状。数据显示，全球儿童“专注力失调过度活跃症”的发病率为3%～7%，而香港中一至中三学生“专注力失调过度活跃症”的发病率，男学生为5.4%，女学生为2.5%，男生发病率高于女生。

虽然香港儿童出现“专注力失调过度活跃症”的情况极为普遍，但不少家长和教师对此症却较为陌生，因而可能错失诊断及治疗良机。

香港儿童青少年心理与精神科学会临床心理学家苏玉芝表示：“专注力失调过度活跃症”对小朋友的成长影响深远，及早接受诊断及治疗极为重要，如发觉病症持续6个月或以上，应考虑向专业人士求助。”

上面这则新闻报道，家长们看了不必惊讶。儿童从进入小学开始，专注力的问题就会在学习中表现出来，并受到老师和一些家长的重视，相关的报道也会增多。

心理学家表示，儿童刚从幼儿园夸入小学阶段，环境和要求大不一样，最容易被观察出专注力不足的状态。对此家长不要过于担心，但也不能疏忽大意，要注意观察孩子，若发现孩子存在注意力涣散，学习能力低的情况，就应及早采取行动，以免影响孩子成长。

什么是“专注力失调”？这是一种在儿童期很常见的精神失调。根据世界卫生组织的《世界通用疾病分类手册》第十版（ICD－10，WHO，1992），称此症为“过度活跃症”。其主要病症是：注意力涣散、活动量过多、自制力弱。这个病症在中国台湾被称为“注意力缺陷过动症”，在中国香港被称为“专注力失调过度活跃症”，在中国大陆地区通常叫“儿童多动症”。

根据2000年的一个数据显示，在美国大概有3%～7%的儿童有“专注力失调”症状。而根据美国疾病控制中心于2004年出版的美国健康访问调查年报，美国大约有400万名18岁以下的儿童被诊断出有“专注力失调”。不过，有关评估的比率差异极大，有些校区甚至有60%的儿童被诊断为ADHD患者。现时美国全国有超过100万成年人及小童因为这个病症而需要服用处方的药物。

根据2002年的统计数字，被诊断出有“专注力失调”的男童在比例上比女童高出两倍。不过，有专家指有可能由于女童的病症普遍比男童轻微，在诊断时亦同时较男童难于察觉，所以较少被家长及老师发现。

专家认为，尤其对于先天脑部结构异常、脑部传导物质分泌失调引起的多动症和专注力失调，应及早治疗。开始治疗的年龄越大，累积的不愉快经验便越多，治疗起来就更困难。如果孩子在6～9岁时治疗，效果是最好的。如果到青少年以后才治疗，很多时候已经出现其他行为问题，比如饮酒、吸毒，甚至患上抑郁症。

你的孩子有“多动症”吗

专注力失调很受家长重视，儿童多动症是专注力失调最主要的症状。但一些家长们对此缺乏判断，常有家长向医生反映：

“我们家的孩子比较顽皮，活动太多，是否患有多动症呢？”

儿童多动症对个人和家庭都会带来危害和痛苦。轻微多动症儿童只是在学习上不能专心，不能主动去学，造成学习成绩下降；在行为上不能自控，表现为不服管束，被人歧视。严重多动症儿童则学习成绩明显下降，不能跟班，难以读完小学及初中。在行为上惹是生非，干扰他人。随着年龄增长，因无法自控易受不良影响和引诱，可发生打架斗殴、说谎偷窃，甚至走上犯罪的道路。

下面是对多动症的快速鉴别法：

1. 注意力是否集中

多动症儿童无论何时何地，都不能较长时间地集中注意力，包括看电视、电影、连环画等，正常多动儿童能全神贯注于某一件事，而且讨厌别人的干涉。

2. 活动是否有目的性

多动症儿童的行动常没有明确目的，表现为幼稚、任性、克制力差、一点小事就喊叫哭闹，脾气暴躁，做事易冲动而不顾后果。而正常多动的儿童做事有目的性，有计划性，有一定的自我控制能力，不胡乱吵闹。

3. 学习是否困难

多动症儿童一般表现为：文字书写潦草难认，分不清左右、颜色、地点的方向，把词、句子念错或念倒，如上海读成海上，思路不严密，注意力不集中。而正常儿童没有上述症状，可以集中思想完成某件事。

康纲氏儿童多动症评定量表

项目	程度			
	无（0分）	有一点（1分）	较多（2分）	很多（3分）
1. 动个不停				
2. 容易兴奋或冲动				
3. 打扰其他小孩				
4. 做事有头无尾				
5. 坐不住				
6. 注意力只能短暂集中，易随环境转移				
7. 要求必须立即得到满足				
8. 好大声叫喊				
9. 情绪改变快				
10. 脾气暴躁，有不可预料的行为				

注：可按数字级别判定症状，逐次打钩，然后将每次得分累加成总分，总分在15分以上者，应怀疑有多动症，要尽快查明原因，以便及早治疗。

在诊断孩子是否有多动症时，要注意两点：

第一，在允许活动的场合，如下课时、放学后，不管孩子的活动多么厉害，也无诊断意义。只有在不该活动的场合，如上课时、做作业时，而他仍约束不住，始终动个不停，才有诊断意义。

第二，如只有活动过度，而无注意力涣散，不能诊断为多动症。相反，若注意力涣散明显，而无活动过度，才应考虑有多动症的可能，因为有的儿童属“不伴多动的多动症”。在美国，从1979年起，根据多动症最为常见和突出的症状是注意力集中困难，已把“多动症”改称为“注意缺陷症”，并分为“注意缺陷伴多动”及“注意缺陷不伴多动”两种，后者也就是“不伴多动的多动症”。

目前对多动症的治疗主要是药物治疗。所选用的药物大多是一些精神兴奋剂，如哌醋甲酯（Ritalin）、右旋苯丙胺（Dexedrine）；苯异妥因（Pemoline）等，这类药物的副作用不是很严重，服用后可使有多动症的孩子注意涣散状况有所改进，攻击性行为减少。但仅靠药物是远远不够的，因为这种病症原本就存在着生理及心理的多重病因，所以在使用药物疗法时还需要结合一系列的心理治疗。

心理治疗方法

1. 自我控制训练

这一训练的主要任务是通过一些简单、固定的自我命令让有多动症的孩子学会自我行为控制。例如：出一道简单的题目让其解答，要求孩子命令自己在回答之前完成以下4个动作：停——停止其他活动，保持安静；看——看清题目；听——听清要求，最后才开口回答。这一方法还可以用来控制孩子的一些冲动性行为。例如：带孩子过马路时，要求在过马路之前完成停、看、听等一系列动作。由于在训练中，动作命令是来自于患儿内心，所以一旦动作定形，患儿的自制力就能大大提高。在进行自我控制训练中要注意训练顺序，任务内容应由简到繁，任务完成时间应由短到长，自我命令也应由少到多。

2. 放松训练

用这一方法来治疗儿童的多动行为是近年来的一种新尝试，效果颇佳。由于多动症患儿的身体各部位总是长时间处于紧张状态，如果能让他们的肌肉放松下来，多动现象就会有所好转。放松训练可采用一般的放松法，或使用在有医生指导下的生物反馈法。训练时间要集中，可以一连几天，从早上一直训练到晚上，期间除了吃饭、休息外，其余时间都按计划进行训练。在施行放松训练时，每小时放松 15 分钟，患儿一达到放松要求就给予物质奖励。其余 45 分钟可安排孩子感兴趣的游戏，但一到放松时间就必须结束游戏。

对待多动症孩子，除了实施药物治疗和专门脑心理训练外，家长和教师还要做到以下几点：

（1）明确疾病性质。克服对孩子粗暴、冷淡、歧视的态度，做到相互协作，耐心而有计划地进行教育。

（2）要求适当。一开始对他们的要求不能与一般孩子一样，只能要求将他们的行动控制在一定范围内，随后再慢慢提高要求。

（3）满足孩子的活动需要，对他们过多的精力要给予宣泄的机会。可指导他们参加跑步、踢球等有系统的体育训练，同时要劝止一些攻击性行为。

（4）做到生活规律化。家长、老师督促孩子遵守作息制度。

在儿童吃饭、做作业时，家长要控制环境，不要主动去分散他们的注意，以培养孩子一心不二用的好习惯。

先天多动症须及早治疗

有些家长对于孩子缺乏专注力的表现，总以为孩子是顽皮，过一阵就好了，其实这多半是一种畏惧心理，担心孩子出什么状况。如果孩子有“多动症”表现，家长应该积极主动一些，及早采取行动。专家认为，目前在一些学校，特别是非重点学校，一些学生存在着专注力失调的问题，却没有引起家长和学校的重视，这些孩子长大后，积累的问题最终可能爆发出来，那时再来处理就来不及了。

方女士与6岁的儿子耀辉初到辅导中心，我见小孩子被母亲拖着，带着一副不太情愿的样子进来，为了安抚孩子，我安排了玩具室给他们，好让他先玩玩，轻松一会儿。

门还是半开，耀辉已急不可待冲了进去。他拿起一支枪瞄准我们狂扫，方女士正想上前制止，耀辉已把枪放下，一个箭步爬上了一间大型玩具屋的顶上，不一会儿又滑了下来，在玩具丛中打滚。方女士在旁显得十分无奈和尴尬，为儿子的无礼连声向我道歉。

我告诉她不要介意，与她到了隔壁另一面谈室详谈。“你看到啦！我真是拿他没办法，有时我忍无可忍，会打他。”方女士坦诚地告诉我。“我可以想象你有多辛苦！”我安慰着她。

“有时我也不太想带他上街，他好多次在公众场所令我无地自容。将地铁的扶手当钢架爬，在商场短跑滚地；每次街上的人都对我投以责备的眼光，似在怪我做妈妈的没好好管儿子，谁知我管也管不了，我真是不懂怎样教他。在学校他又被别的家长投诉，见到别的家长他也怕。他居然可以在上课时溜出去跑两圈再回教室上课。一直以为他年纪小，成长后会好点，但升读一年级后，情况更失控。我的亲友都责备我不管他，令我很难受。”方女士越说越委屈，无助的眼眸凝聚了泪水。

了解过基本情况后，我回到玩具室打算与孩子闲聊。见本来整整齐齐的玩具室变成凌乱不堪，我与他闲谈时，他不断东张西望，不时离座更换手上的玩具。

我怀疑他是一个“专注力失调及过度活跃”的孩子。我回头建议方女士带孩子去评估，方女士对此症略有所闻，也想过儿子是否有这方面的障碍；但对于评估的建议，却有点犹豫，她怕对孩子产生不利的后果。

我介绍了评估的途径后，提议她与丈夫商量后才决定。过了一段日子，方女士告诉我，她已带耀辉去做评估，初步诊断结果显示了他患有“专注力失调及多动症”，我询问方女士对初步评估结果的感受。出乎意料，她表示知道儿子的情况后，反而有释怀的感觉，明白耀辉的行为不是自己不懂管教所造成的，内心的歉疚与不安减少了。

当儿子的行为问题出现时，她也能较平静地去处理，因为她明白他有天生的障碍，不是故意与她作对。

接着的面谈，我提供了有关管教“专注力失调及多动症”孩子的资料给方女士。建议她在家居布置上尽量简洁，令孩子易分心的东西，例如，玩具要用箱子收妥，好使耀辉在玩耍时培养出玩完玩具收拾的习惯，做功课时亦更专心，另外还协助方女士在家中建立了即时的奖罚制度。

方女士连串的努力，不久就见成果，耀辉的行为在各方面都渐见进步。

一些家长察觉子女在行为、情绪及人际关系上与其他孩子有明显区别的时候，他们通常没想过子女有精神健康方面的问题。令家长的管教倍加困难，而非简单地由于家长不能有效管教子女。

其实很多儿童由于先天障碍引起行为问题，先天障碍大多不易察觉，很容易被家长误以为是儿童顽皮、好动、偷懒、不擅交际等后天问题，加上一些家长对孩子先天障碍认识不多，面对子女长时间的极端冲动失控、固执倔强、无理取闹、无心向学、缺乏社交技巧、不懂结交朋友等等问题时，管教上感到十分沮丧，造成亲子冲突，亲子冲突又会令儿童更失控，形成恶性循环。

专家认为，越早地介入越能有效协助有需要的儿童解决先天障碍的问题。

先天性的问题应及早给予适当训练，若错过了成长发展的关键年龄，训练则事倍功半。

儿童多动症常见问题解答

“注意测定仪”能协助诊断多动症吗

据南宁市妇幼保健院报告指出，他们应用心理学专用仪器“注意测定仪”作为注意测定工具，对82例儿童多动症疑似患儿的“注意涣散”症进行检测定性，发现病史叙述“注意涣散”症的阳性符合率极低，为此提出对多动症有区分真伪的必要性。

注意力涣散的存在，是多动症诊断成立的必备条件，然而临床上对注意力涣散因缺乏定性手段，只能凭借病史叙述。由于病史叙述者不论是家长还是老师，对于儿童的行为都有他们各自的评价标准和容忍程度，故单凭他们的主观印象作为诊断依据不太可靠，所以探讨注意力涣散的客观伪差及其定性手段具有积极意义。

一些专家认为目前临床缺乏对注意涣散的定性手段，是多动症临床误诊的原因之一，并认为心理学检测技术专用仪器——注意测定仪，对于临床助诊多动症，具有确切的应用价值。

如何区别多动症和正常顽皮儿童

一个正常的顽皮儿童，其多动的行为是可理解的，而多动症患儿的行为表现比较唐突、容易冲动、破坏性大、令人讨厌、自我不能控制。不仅活动量大于正常儿童，更重要的是质的差异。另外，在主动注意力方面，多动症患儿上课时大部分注意力涣散，精神不集中，作业潦草，边做边玩，拖拉时间，学习成绩日渐下降；而正常顽皮儿童虽然有时注意力不集中，但大部分时间能够集中。为了贪玩，常常草率地迅速完成作业，但并不拖拉，随着年龄的增长，学习成绩日趋上升。

多动症与儿童品行障碍如何鉴别

儿童品行障碍也可伴有多动、顽皮、注意力不集中、学习成绩不好等症状。但这类患儿最突出的问题是某些品行问题，如说谎、偷窃、纵火等，而且这类儿童与多动症不同的是，对中枢兴奋剂治疗毫无效果。因此，对某些诊断有困难的病例，可试服中枢兴奋剂 1 ~ 2 个月，观察疗效反应，以助鉴别诊断。

多动症应与哪些疾病相鉴别

目前，多动症主要依靠家长、老师介绍的病情和观察孩子的症状表现来进行诊断，部分实验室检查及软性神经体征、心理测验、脑电图、脑地形图等均不具有特异性，因此给本症的鉴别诊断带来一定的复杂性。如：多动症的主要症状是注意力涣散和多动，可以在多种小儿神经精神疾病中见到。主要有以下疾病需鉴别：①抽动秽语综合症；②小舞蹈症；③癫痫；④儿童精神分裂症；⑤孤独症；⑥儿童过度焦虑；⑦精神发育不全；⑧亚急性脑炎；⑨听觉障碍；⑩特定性学习困难；⑪头小畸形儿等。

多动症如何与抽动秽语综合症相鉴别

抽动秽语综合症与多动症均有注意力不集中及冲动行为，从而影响学习成绩。但抽动秽语综合症是以多组肌群不自主抽动及不自主发声为其特点。不自主抽动往往从面部开始，如眨眼、举眉、努嘴、摇头等，逐渐发展为扭脖子、耸肩、伸臂、伸腿、捶胸、长出气、胸憋、甩手、腹肌抽动等等，抽动同时或相继出现异常的发声，如咳声、鼾声、犬吠声等，甚至出现类似咒骂的秽语、骂人话，或出现自残行为，如拔眉毛、睫毛、头发等。据我们临床观察，诊断为“抽动秽语综合症”的患儿，约半数可以伴有多动症的全部症状，但诊断为多动症的患儿无抽动秽语综合症抽动的特点。

多动症与小儿舞蹈症如何鉴别

小儿舞蹈症是风湿热的迟发表现，临床表现为全身或部分肌肉呈不规则的、无目的的不自主运动，手足及面部最常见。面部肌肉运动时可出现皱眉、耸肩、耸额、缩颈、咧嘴等，以及手不能持物、不能解结纽扣、写字不灵活等。小儿舞蹈症的动作为不自主、幅度较大的不规则运动，多伴有风湿病的其他表现，如血沉快、抗链“O”增高，抗风湿药物治疗有效。而多动症的随意性动作多，伴有语言增多，注意力不集中，情绪不稳等特点，二者较易区分。

如何区别多动症和癫痫

癫痫是一种病因复杂的综合症，它是由于脑神经元异常过度放电，引起阵发性、暂时性脑功能紊乱。临床表现为各种抽搐发作，部分癫痫患儿可伴有多动行为和学习困难、注意力不集中等表现，故需与多动症相鉴别。但通过了解病史，癫痫患儿有明显的阵发性抽搐发作、当时神志不清等病史，查脑电图可发现有特殊的异常改变（癫痫波形）；而多动症无抽搐病史，其异常脑电图主要表现为慢波增多，阵发性慢波，不具有特异性。故二者不难区别。

多动症与孤独症如何区别

孤独症为一种较少见的行为异常性疾患，部分病人亦可表现出活动过多和注意力不集中的症状，这与严重的儿童多动症需要进行鉴别，临床中，孤独症常被误诊为多动症。

然而孤独症除有活动过度和注意力分散外，最主要的特点是与外界隔离，对他人的存在就像对待一件“玩具”，非常冷淡，不参加集体游戏，长时间玩古怪游戏，逃避与他人眼睛对视，与他人用语言或非语言交流方式异常缺乏。

多动症与儿童过度焦虑症如何区别

儿童过度焦虑症是指与特定环境无关的分散而又浮动不定的异常焦虑而言。在临床上除了伴随有强迫症状、恐怖症状或癔病症状外，还常表现为坐立不安和多动、学习能力降低等等。其中多动和坐立不安等需与多动症加以区别。多动症无强迫症状或癔病症状，且注意力为涣散而不集中，一般不影响睡眠，而焦虑症则是注意范围缩小且有睡眠障碍（易醒或梦魇）。

多动症与儿童精神分裂症如何鉴别

精神分裂症是成人精神病中较常见的类型，一般发于青年人。20 世纪以来，国内外精神病学家发现本症亦可见于 16 岁以下的儿童，大多在学龄期发病。其发病早期，亦有活动过度和冲动等症状，但与多动症比较，精神分裂症的儿童，大多具有思维障碍，如思维不连续或思维贫乏以及言语减少、情感淡漠、与亲人疏远、行为离奇怪诞等特点，通过仔细观察，一般不难鉴别。

多动症与精神发育不全如何区别

精神发育不全是由大脑发育障碍所致的多种形式的行为障碍，伴有不同程度的智能减低。这类患儿缺乏辨别是非的能力，易激动兴奋而产生发作和冲动行为，故需与多动症相鉴别。这类患儿大多是由先天因素引起，形体可见明显畸形，如两目距离过宽，两耳位置过低等，另外，智力落后也很突出，因此经细询病史与检查不难作出鉴别诊断。

多动症与亚急性硬化性脑炎如何鉴别

亚急性硬化性脑炎是由麻疹病毒感染入侵人体后经过很长的潜伏期才发生的一种病变。本病与多动症都具有注意力不集中、学习成绩下降、情绪不稳等症状，但本病还伴有嗜睡、语言减少及运动性症状，如肌阵挛性发作，且累及头、四肢和躯干，影响视觉和眼底，严重的可见角弓反张、昏迷或呈植物状态。查麻疹病毒特异性抗体在脑脊液和血清中的滴度都很高，故根据临床特点和实验室检查可以相区分。

特定性学习困难与多动症如何区别

特定性学习困难是指读字困难或写字困难或对某门功课接受能力特别差，同时也伴有多动和焦虑冲动的表现。这种多动和焦虑冲动需与多动症的多动、冲动行为相鉴别。一般特定学习困难其表现只在特定的环境下有时间性地出现。如在教室内对着老师与全班同学站起来回答问题时或到黑板上演算习题碰到困难时才出现手、脚多动或焦虑冲动的表情，这点与多动症能相区别。

儿童抽动症与专注力

抽动秽语综合症，又称“多发性抽动症”，是以面部、四肢、躯干部肌肉不由自主抽动拌喉部异常发音及秽语为特征的综合症。

我国目前把它归类在“行为障碍”范围内，以5~7岁发病者最多见，14~16岁仍有发作，根据临床观察，女孩发病比男孩早，而且治疗见效比男孩慢。如治疗不及时可延续到成人。发病性别男多于女，比例为（3~4）:1，病程长，反复发作。少数至青春期自行缓解，大部分渐加重，影响正常生活和学习。

抽动症的主要表现为：多组肌群同时或相继刻板抽动，特征是患儿频繁挤眼、皱眉、皱鼻子、撅嘴等；继之耸肩、摇头、扭颈、喉中不自主发出异常声音，似清嗓子或干咳声。少数患儿有控制不住地骂人、说脏话。症状轻重常有起伏波动的特点。感冒、精神紧张可诱发和加重，其中约 1/2 患儿伴有多动症。日久则影响记忆力，注意力不集中，使学习落后，严重者因干扰课堂秩序而被停学。

近 10 多年来，患抽动秽语综合症的小儿在增多。本病的发病有一个从轻到重，由单一症状到复杂症状的演变过程。本病的发病与家长对孩子期望太高，要求太严，管教方式太生硬，造成孩子长期精神紧张、心理压抑有重要关联。而实际上，大多数家长都采取了两种错误做法：一种认为是孩子的小毛病，严加管教，打就好了；一种认为是孩子不懂事，长大就好了。结果都不采取积极措施，从而失去了自愈的机会，导致病情日渐加重，并出现注意力不集中。重者周身出现严重抽动，喉间发出尖叫怪声，呈恐慌不安状态，而无法坚持学习。

为什么抽动症容易误诊

临床上经常发现有些抽动症的孩子一直没有被重视，或是当成一种坏习惯，或是当成咽炎、眼结膜炎等症状而误诊，造成这一现象的原因有以下几个方面：

1. 医生对此病不熟悉，以致被多种多样的症状所迷惑。将喉肌抽动所导致的干咳误诊为慢性咽炎、气管炎；将眨眼、皱眉误诊为眼结膜炎；动鼻误诊为慢性鼻炎等。

2. 家长对此症的不认同。很少因为不停眨眼、耸肩而就诊者，多认为是不良习惯。当到医院看其他病时，被医生发现而询问有关情况时，家长多不配合回答，多被告之“没事，就有点小毛病”。医生告诉家长后，家长多不信任，而反对就诊，从而使确诊时间后延。

3. 病人对症状有一定的抑制能力，当轻患者有意掩盖其抽动症状时，使家长及医生不易察觉。

4. 某些医生认为抽动秽语综合症必须具备秽语，但实际上只有1/3患者在发病几年后才出现秽语现象。

儿童抽动症是怎么样引起的

以下列出的一些主要因素可引起儿童抽动症，这些因素是：

1. 孕产因素：母孕期高热、难产史、生后窒息史、新生儿高胆红素血症、剖宫产等。

2. 感染因素：上呼吸道感染、扁桃体炎、腮腺炎、鼻炎、咽炎、水痘、各型脑炎、病毒性肝炎等。

3. 精神因素：惊吓、情绪激动、忧伤、看惊险电视、小说及刺激性的动画片等。

4. 家庭因素：父母关系紧张、离异、训斥或打骂孩子等。

5. 其他：如癫痫、外伤、一氧化碳中毒、中毒性消化不良、过敏等。

什么样的孩子易患抽动秽语综合症？

从年龄讲，儿童及少年期多发，大部分在5～12岁发病，

90%在10岁以前第一次发病。性别方面，男性明显多于女性。随着研究的深入，逐渐认识到早产、难产、剖宫产儿多患此病。其中以剖宫产儿最多见。另外，性格内向、行为异常、胆小、性情执拗、人格发育不全的孩子亦多见，家族中有类似病史，与精神、行为异常有血缘关系的人易被遗传而发病。

抽动秽语综合症与儿童多动症是否存在关联

据临床及资料来看，抽动秽语综合症合并儿童多动症的发病率约为25%～50%。主要表现为注意力不集中、多动、冲动行为。多动症的症状通常出现在抽动之前，约早2～3年，并且是重度抽动患儿常见的症状。抽动秽语综合症本身具备多动症状，两种病之间还是有一定关系。国外有人做了大量工作，发现两者遗传基因之间无相关关系。因为在抽动秽语综合症患儿亲属中多动综合症患病率与普通人群中多动综合症患病率基本相同，并无增加现象，而在同时有抽动秽语综合症和多动症亲属的儿童中比只有前者亲属的患儿多动症患病率高8倍。说明两者基因缺陷无相关性。

另外，治疗多动症的精神兴奋药能引起肌群抽动，这也是抽动秽语综合症与多动症同时存在的一个原因。如利他林，匹莫林等可引起易感个体的多动患儿肌群抽动。有人报告用精神兴奋剂治疗多动症1520例，出现抽动率为1.3%，说明发病率不高。但如大面积应用也可引起不少人抽动，所以当抽动秽语综合症合并多动症时，要注意询问是否服用了精神兴奋药。

抽动秽语综合症儿童能和人正常交往吗

抽动症较轻，行为基本正常的患儿一般不影响与周围人的正常交流、与周围人的融洽相处。家长应鼓励患儿多出外玩耍，多交朋友，期望形成外向性格，以最大限度减少抽动秽语综合症带给患儿的不良影响。如病情较重，多组肌肉频繁抽动，伴有怪异发音及行为异常时，与人交往时会带来困难。一方面是语言表达不由衷，另一方面是由于学习成绩下降而自卑，再者因为频繁秽语及怪异行为使周围人讨厌，这样就给患儿人格的形成带来不良影响。此时，家长应发挥亲情关系的优势，主动亲近孩子，并主动找医生改善治疗方案，大部分用药物是可以控制症状的。青春期后抽动症状得到控制或缓解，但由于长期的心理影响，往往使孩子心理不健康，有的甚至抽动已完全停止仍不能适应社会，不喜欢或拒绝与周围人交往，形成自闭心理。此时要主动找心理医生治疗，并鼓励孩子大胆说话，有疑问多请教，家长和周围人的爱心可给患儿创造一个温馨的环境，会有利于患儿病态心理的恢复。总之，对抽动秽语综合症患儿在积极控制症状的同时，鼓励患儿正常交往。

孩子患抽动秽语综合症后，由于本病病程长，症状多变，且受外界因素影响较明显，症状时轻时重，轻时可不影响正常学习和生活，有时家长认为没有治疗的必要，其实这是不对的。

抽动秽语综合症虽有自愈倾向，但实际上自愈率较低。特别是有行为异常的孩子不能控制自己的活动，不由自主地做出损害别人利益、损害自己利益，甚至危害生命安全的事。再者由于注意力的不集中及无目的的活动太多，造成学习困难，长此以往必将影响学业，即使青春期抽动停止，但学习成绩下降，行为讨厌，也必将受到周围人们太多的批评，使孩子幼小天真的心灵受到伤害，形成自卑心理，对成年后进入社会十分不利。所以，当孩子患抽动秽语综合症后，家长应积极主动地配合医生治疗，及早用药、合理用药，虽然短期内给家长及孩子带来一些麻烦，但对孩子学习及身心的康复是有好处的。

自闭症与专注力

自闭症，又称孤独症，被归类为一种由于神经系统失调导致的发育障碍，其病症包括不正常的社交能力、沟通能力、兴趣和行为模式。

自闭症的病因仍然未知，很多研究人员怀疑自闭症是由基因控制，再由环境因素触发。美国国家精神卫生学院保守估计，美国自闭症的发病率为每 1000 人中有 1 人。总计男性患自闭症的比率，比女性高 3～4 倍，但女性发病时病症会较男性严重。联合国发布的数据表明，自闭症的发病率为 1/150。

少儿的自闭症是现代社会中发病率越来越高、越来越为人所重视的一种由大脑、神经以及基因的病变所引起的综合症。症状主要表现为社会交往和语言交往障碍，以及兴趣和行为的异常。

由于自闭症患者容易受周围环境影响，以致不能集中精神，所以对孩子专注力比较关心的家长有时候会担心孩子会有自闭症。其实不用担心，和一般的“注意力不集中”相比，自闭症是一种先天性障碍，家长稍加注意，是很容易辨认出孩子是否有这类异常行为的。

自闭症儿童的一个症状是兴趣狭窄，行为刻板重复，这和正常儿童的专注是有很大区别的。自闭症儿童常常在较长时间里专注于某种或几种游戏或活动，如着迷于旋转锅盖，单调地摆放积木块，热衷于观看电视广告和天气预报，面对通常儿童们喜欢的动画片、儿童电视、电影则毫无兴趣。一些患儿天天要吃同样的饭菜，出门要走相同的路线，排便要求一样的便器，如有变动则大哭大闹表现明显的焦虑反应，不肯改变其原来形成的习惯和行为方式，难以适应新环境。多数患儿同时还表现无目的活动，活动过度，单调重复地蹦跳、拍手、挥手、奔跑旋转，也有的甚至出现自伤自残，如反复挖鼻孔、抠嘴、咬唇、吸吮等动作。

自闭症通常是一种由大脑病变所引起的综合症，但家长对于年幼的孩子，也有值得注意的地方：

长时看电视警惕电视自闭症

电视的许多坏处已被诸多专家一一批评过：如孩子长期看电视，会造成近视、远视、斜视、专注力不强，电视会剥夺孩子的思考力，对电视的过度关注让他们忽略自己的玩具和小朋友，不愿和他人交流，从而出现“电视自闭症”。日本小儿科学会最近公布的调查结果表明，2 岁以下的婴幼儿看电视的时间越长，语言表达能力越弱。

因此，小儿科学会建议：不要让 2 岁以下的婴幼儿过多看电视，在哺乳和进餐期间关掉电视机，不要在婴幼儿居住的房间里摆放电视机等。

在现代社会里，怎么可能让孩子和电视完全隔绝呢？如果家长自己做不到不看电视、远离电视，那么大人所能做的就是让伤害降到最低。

建议：

1. 多吃含维生素 A 的食物。

2. 注意小儿看电视的姿势和距离。眼睛距离屏幕一般以 4～6 倍于屏幕对角线的距离为宜，电视机荧光屏的中心位置，应略低于宝宝的视线或与视线等高。

3. 电视机的亮度应适中。光线太亮会使瞳孔缩小，使调节紧张；关灯看电视，荧光屏的亮度和周围的黑暗强弱反差太大，容易损伤眼睛。最好在室内安装一个 8 瓦左右的电灯，与电视屏幕相对应。

4. 控制电视的音量。婴幼儿长期听过大的音响，会麻痹孩子的听觉，降低孩子听力的灵敏度。

5. 控制时间。3 岁以前的儿童每周看电视最好不要超过两次，每次不超过 15 分钟。

6. 精心选择节目。为宝宝选择知识性、趣味性较强、有利于培养儿童健康向上人格的节目。

7. 陪孩子一起看电视。在看的过程中，启发孩子思考，随时对孩子提出问题或解答他们的问题。

第五章　神经衰弱与专注力

青少年神经衰弱

神经衰弱是由于精神负担过重，大脑长期过度紧张而造成大脑的兴奋与抑制机能失调，属于神经功能症的一种。而青少年神经衰弱，主要是由于学习或工作压力过大、生活挫折、人际矛盾等因素，引起长期的、难以缓解的心理冲突，最终导致神经衰弱。

有些学生在过重的学习负担下，造成持续的精神过度紧张和疲劳；有些学生不会合理安排时间，不懂得劳逸结合的重要性，加快疲劳产生；还有的学生学习安排杂乱，一会儿想起这件事，一会儿又匆忙开始另一件事，短时内紧张刺激过大，造成用脑过度等等，这些都是造成青少年神经衰弱的重要原因。

另外，专家指出，青少年神经衰弱患者通常在性格和情绪发展方面也存在一定的弱点，比如他们一般会比较主观、任性、急躁、过于要强；还有的人比较自卑、多疑和懦弱、内向等。

青少年神经衰弱患者中，有的人还是小学生，但小小年纪就整晚睡不着觉或早晨四五点钟就醒；有的人总是不断做梦；有的上课、学习注意力无法集中，在记忆的黄金年龄却出现记忆力减退现象；有的整天困倦，精神疲乏；有的总感觉胃不舒服，没胃口；还有的情绪很不稳定，一点小事就抑郁、悲伤或易激动、焦虑，过后又很后悔。

以上列举的这些症状都是青少年神经衰弱的典型表现。但各项检查发现，他们却没有什么器质性病变，大多数都是精神心理问题导致的。青少年神经衰弱患者基本有着一个共同点：自我感觉压力大。

为什么中小学生也会因心理问题导致神经衰弱呢？一个主要原因就是家长、老师对孩子期盼太高，孩子的学业压力过重，虽然物质丰富了，但心里并不轻松。就初高中生来说，面对升学压力、家长的期盼，同时还有繁重的课业、课外补习，让他们很少有喘息时间，再加上同学之间的人际关系、自身情感问题、与父母的亲子关系问题困扰，导致他们出现焦虑、抑郁、烦躁等一系列心理问题。而小学生的心理压力主要来自上的各种补习班、兴趣班过多，没有了娱乐、游戏时间，这有悖于儿童天性。而儿童、青少年由于生理、心理发育还很不成熟、不稳定，自我调节能力有限，对外界环境的适应能力差，面对这些压力时不知如何解决和怎样正确对待，就容易产生心理冲突而难以缓解，引起情绪障碍而导致神经衰弱的发生。

不过，家长不用过分担心，因为青少年神经衰弱虽然属于精神障碍的一种，但并非属于精神病。因为，神经衰弱的孩子自制力良好，行为也在社会规范的允许范围之内，而精神病则相反。

学习紧张、用脑过度会否导致神经衰弱

一般人认为学习紧张、用脑过度可引起神经衰弱，但事实上这种情况并不多见。据了解，学习成绩优良的三好学生和有突出贡献的科学家，他们确实很少患神经衰弱。相反，有一些人工作轻松，甚至饱食终日，无所用心，但由于精神空虚，“杞人忧天”，倒发生了神经衰弱。

那么为什么确有不少脑力劳动者患上了神经衰弱呢？这里面除了个性特点之外，与学习的方法不当、目的不明确、缺乏对学习的兴趣，以及学习的环境和用脑卫生都有密切关系。有人求学心切，整天捧着书本死记硬背，舍不得花时间去参加文娱体育活动，甚至占用了正常的吃饭和睡眠时间。搞不懂的问题，硬是拼命去想，解不开的问题拼命去钻，违背了用脑卫生，结果适得其反，成绩不但不能提高，反而下降，从而又可能出现心理压力。自认为脑子笨、不如别人，产生自卑感和失落感，使心理失去平衡，导致头昏、脑涨、失眠、多梦、注意力不集中及记忆力减退等神经衰弱的症状。

俗话说，“磨刀不误砍柴工”。如果说每天抽出一定时间参加文体活动，脑子疲劳了，就顺其自然，好好睡一觉，待一觉醒来，再来工作，往往思路会豁然开朗，问题就迎刃而解。由于大脑活动有一定耐受量，超过限度就会越搞越糊涂，越钻越不通，就会不自主地出现“自动休息”，如果违背了大脑的这个自然规律，势必事倍功半，得不偿失，就会引起神经衰弱。

神经衰弱与抑郁症

抑郁症，是以情绪低落、兴趣丧失为主要表现的一类情感性精神障碍疾病。临床上，轻度抑郁的患者，特别是患有隐匿性抑郁症的病人，常被误认为是神经衰弱，而到神经科或其他内科求治，因而未得到正确治疗而致病情加重，甚至死亡。

神经衰弱与抑郁症等其他精神障碍类疾病，在症状表现上存在共同特点，如因学习、工作压力大，或者遭受心理创伤难以愈合等，而表现得萎靡不振，用脑困难，工作效率低，睡前胡思乱想，对声光过敏，有睡眠障碍等。

在美国，神经衰弱的概念已经消失，其中90%以上被归为抑郁症。美国在中国湖南进行的一项研究表明，被诊断为神经衰弱的病人（最常见的症状是头痛、失眠、头晕、记忆衰退或丧失、焦虑、虚弱和精力丧失），93%符合临床抑郁症的诊断标准。

学界对神经衰弱与抑郁症关系认知不统一。曾有国外学者对我国某医院诊断为神经衰弱的病人进行了研究，结果认为大多数属于抑郁症或焦虑症，而非神经衰弱，我国国内学者曾对此观点存在异议。

目前大多数学者主张仍保留神经衰弱的诊断名称，但也认为我国对神经衰弱诊断偏宽，把有些不属于神经衰弱的病人也诊断为神经衰弱，其中有些病人实质上是抑郁症。

心理专家表示，区别神经衰弱与抑郁症的不同，还要专业心理医生根据抑郁症的症状等方面因素仔细斟酌，综合考虑。并且无论是神经衰弱还是抑郁症，都会对人的身心健康造成损害，患者应尽快进行相关治疗。

神经衰弱的诊断和鉴别

1985 年《中华神经精神科杂志》编委会在《神经症临床工作诊断标准》中重写了神经症的定义：“神经症是指一组精神障碍，为各种躯体的或精神的不适感、强烈的内心冲突或不愉快的情感体验所苦恼。其病理体验常持续存在或反复出现，但缺乏任何可查明的器质性基础；患者力图摆脱，却无能为力。”神经衰弱也符合上述特点，病人无器质性病变，常为失眠、脑力不足、情绪波动大等不能自主的症状所苦恼。但是神经衰弱的病人，没有严重的行为紊乱，这与严重的精神病，如精神分裂症是有区别的。

神经衰弱的诊断依据是：

1. 存在导致脑功能活动过度紧张的社会心理因素。

2. 具有易感素质或性格特点。

3. 临床症状以易兴奋、脑力易疲乏、头痛、睡眠障碍、继发焦虑等。

4. 病程至少 3 个月，具有反复波动或迁延的特点，病情每次波动多与精神因素有关。

5. 全面体格检查，包括神经精神检查或其他必要的各项检查，确能排除其他躯体疾病或早期精神病者。

有一些患神经衰弱的病人向医生咨询：“患神经衰弱多年，多方求医疗效不佳，是否会转变成精神分裂症?”医生会明确地告之：“不会。”

心理学专家指出，神经衰弱和精神分裂症是性质完全不同的两类疾病。二者不仅在临床表现上有根本区别，而且其病因、治疗方法、药物应用、转归和预后等都不相同。在长期的临床研究和观察中，没有发现神经衰弱发展会转变成精神分裂症。

精神卫生专家在临床研究中发现，确实有个别精神分裂症病人早期有“头昏、头痛、周身不适、情绪波动、多疑、失眠和记忆力减退”等神经衰弱症状。但是，精神分裂症病人与真正的神经衰弱有本质的不同，前者对自己的疾病并不像后者那样焦虑与重视，往往听之任之，缺乏求治的主动性，而且，精神分裂症病人的情感反应明显减退，对人冷淡、对工作不负责任、对亲人缺乏应有的热情。有些精神分裂症病人还表现出奇特的观念和行为，有令人难以理解的表现等等。

专家提出，精神分裂症有难治易复发的特点，所以治疗要及时、系统和彻底。家长在诊断出孩子的神经衰弱症状后，应及时带孩子进行心理咨询，配合心理医生进行心理治疗。

睡眠不好是神经衰弱吗

失眠严重的人，一到天刚黑的时候就开始发愁，“今天不知睡不睡得着?”进入冬季，昼短夜长，漫漫长夜无法入睡的滋味非常难受。不少人可能是久病成医，把自己的睡眠问题归结为神经衰弱。但是，医生指出，睡眠障碍和神经衰弱不能画等号。目前，对神经衰弱治疗没有什么好办法，但单纯的睡眠障碍却是可以通过治疗调试好的。

失眠只是一种症状，除了神经衰弱之外，抑郁、焦虑的人都有可能出现这种症状。如果自己主观就把自己归到神经衰弱的人群里，而没有仔细寻找原因的话，很可能耽误了恢复良好睡眠的治疗。

一项万人问卷调查显示，国人中有45%存在着不同程度的睡眠障碍。睡眠障碍有两种表现：一是入睡困难，如果躺在床上30分钟还睡不着，而且维持了一段时期，可能就是出现了问题。另外，睡眠障碍还体现在睡眠维持方面，有的人经常在早上三四点钟醒来，就再也睡不着了，或是睡一夜要醒好几次，这也属于睡眠障碍的一种。

可能引起睡眠障碍的外界原因不少，环境因素是很重要的一种。房间过于明亮、有噪声，或是冬天烧暖气，室内空气太干燥都可以影响到人的睡眠质量。另外，更多的患者是因为工作压力大，过于疲惫和总是考虑生活中不顺心的事情而阻碍良好的睡眠。

克服睡眠障碍要从这几方面入手：①给自己一个舒适的睡眠空间，床要舒服，卧室内最好悬挂遮光效果好的窗帘，同时把门窗密封工作做好，省得外面的噪声吵到您的休息。②冬天气候干燥，在卧室里放一个加湿器会对睡眠起到好的作用。床头边放上一杯水，万一夜里渴了也不用起来找水喝，免得困意全消。③睡前不要服用让中枢神经兴奋的饮料，咖啡、浓茶、巧克力都是睡前不该选择的食物。

据医生介绍，在门诊中，真正属于神经衰弱而失眠的病人并不多。相反，很多人由于抑郁或焦虑把自己归入神经衰弱，这些病人只要找到失眠的真正原因，对症下药，再配合心理疗法是完全能把自己从失眠中解脱出来的。

医生提醒，想睡得好，就要养成良好的睡眠卫生习惯，按时有规律地睡眠。有睡眠障碍的病人不要自己滥服药物，要在医生指导下吃药，睡眠障碍才能克服。

学生神经衰弱的治疗

神经衰弱有被过滥诊断的倾向，因此神经衰弱满天飞，而实际上是极少的。当一些患者被戴上神经衰弱而久治不愈时，需考虑有否将焦虑性神经症、抑郁性神经症等误诊为神经衰弱的可能。因为像焦虑性神经症及抑郁性神经症同样具有神经衰弱的某些症状，如失眠、疲劳、多梦、记忆减退、注意力不集中、精力不足等。神经衰弱一般采用中西医药综合性治疗，以镇静安神及解释支持性心理治疗为主。治疗时使患者获得充分休息，是治愈的最重要要素。

学生罹患神经衰弱，多半是由于学习过于刻苦，再加上升学压力大，精神过度紧张而导致的。学生神经衰弱的治疗方法是应从心理上消除对神经衰弱的恐惧，明确它不过是由于大脑皮层长期紧张、过度兴奋而造成的高级神经活动功能紊乱，那是完全可以恢复正常的。寻找病因、对症下药，或解除某种心理压力、释放精神紧张，或妥善安排学习和生活，劳逸结合以避免因劳累过度而造成神经衰弱。神经衰弱症状严重时，还应辅以一定的药物治疗。

学校方面也应该重视学生神经衰弱的问题。一些学生由于学习过度紧张，容易出现神经衰弱的特征：具体表现是无原因的倦怠，消化不良，随之而来的是注意力涣散，记忆力和思考力减退，思维絮乱、缺乏判断力，行动迟缓，没有耐力，无法持续做一件事情，心情一直处于浮躁不安等。精神无法集中便是初期的症候群，此时便需要制止病情的恶化，否则就会产生精神上的无序活动状态及不完全的感情，而这种情况又可分为剧烈焦躁型、忧郁型、自言自语或胡言乱语型，最后，患者便会怀疑自己的脑筋是不是有问题。因此，班主任一旦发现患有“神经衰弱”的学生一定要特别注意，帮助他们渡过难关。

对于患有神经衰弱的中学生，班主任应该帮助学生从以下几个方面进行治疗：

1. 充足的精神休养。神经衰弱是由于持续的不安和紧张所引起的。因此，要耐心教育引导学生不要太钻牛角尖，闷闷不乐，应该下决心将自己从课堂学习、测验、考试等方面解放出来。这么一来，学生原来浪费在无谓事情上的时间便可完全找回来了。

2. 放大胆子。注意力涣散或者有上述所列举的症状中的一种的话，就会强烈地感受到问题的存在，这样一来，问题便牢牢吸附在孩子的脑海里面日趋严重。因此，学生便越觉得自己无能而饱受冲击。很明显，这是一种恶性循环。班主任应该帮助学生果断地斩断这条无形的锁链，让学生大胆地告诉自己：“病就是病，有什么关系？我就顺其自然吧！”轻松从容地面对一切。

3. 采用“今日事，今日毕”和“坐言不如起而行”的生活态度。有神经衰弱倾向的人，一般来说，心理机能都会减退，耐力也会不足。他们会对必须付诸行动的行为犹豫不决，或者针对还没有实行而产生的结果瞻前顾后，虽然知道这种想法是无意义的，却无法有所行动。有这种倾向的孩子，应该丢弃这种生活态度。

4. 如果有欲求不满，要想办法加以排遣。据了解，大部分学生之所以患有神经衰弱的根本原因是内心深处存在着欲求不满和复杂的情感纠葛及挫折感。

碰到患有神经衰弱的学生，班主任应与家长找到问题的原因所在，切勿对学生的期望值过高，给学生的心理带来过大的压力，或者批评指责都会造成负面影响。

神经衰弱的预防和调节

中小学生如何预防神经衰弱？关键是针对主要病因——学习疲劳而搞好脑卫生，其中核心措施就是合理安排作息制度。主要从以下五方面入手：

1. 学习时间。每日总学习时间小学不超过 6 小时，初中 8 小时，高中 9 小时，特别要避免连续开夜车的习惯。

2. 课外活动。每天应有 1 小时左右的课外活动，或锻炼，或参加课外兴趣小组活动，尽量在户外进行。

3. 休息因素。充分利用课间 10 分钟，尽量到户外进行活动性休息。

4. 睡眠因素。合理的睡眠是促进神经发育，防止大脑皮层衰竭的最积极措施，每天至少保证 8 小时睡眠。

5. 膳食因素。科学地安排好每天饮食，特别要吃好早餐，多吃优质蛋白以及蔬菜、水果和硬果类食品。

学生如果患了神经衰弱，不必为此过分担忧，应树立信心，积极进行自我调节：

1. 通过心理咨询，减轻心理负担，坚定治愈本病的信心。

2. 通过呼吸控制法加以调节。呼吸法有：

（1）深呼吸法。做到深长缓慢，腹部上下起伏，注意体会呼吸时的声音和躯体越来越放松的感觉。

（2）叹气法。站立或坐着深叹一口气，然后让新鲜空气自然地进入肺部。

（3）拍打呼吸法。直立，两手自然垂直，慢吸气，然后用两手指尖或手掌轻敲打胸部各部位，呼气时适当用力一点一点间歇地吐。

（4）交替呼吸法。即堵住一侧鼻孔吸气，换堵一侧呼气，反复 10 ~ 30 次。

3. 通过自我暗示法加以自我调节。比如在睡前，主要通过言语暗示，放松身体各部位。注意切勿速度过快或漫不经心。催眠的暗示语可以是：“我的全身放松了，困乏了……我的全身都充满了倦意，手脚已无力动了，我很想睡了……我的眼睛已睁不开了，我真想闭上眼睡一觉了……我很快就会睡着了……浓浓的睡意笼罩了我，我要睡了，要深深地睡一觉了……我要睡了，我马上就要熟睡了……”注意千万别去想这暗示语是否有道理或有作用，只要跟着做就行了。

4. 音乐治疗。根据自己的症状情况和条件，选用一些古典式轻音乐；或清晨，或下午做作业疲劳时；或入睡前，边休息边听听轻音乐（尽量不要用迪斯科之类乐曲），常有消除疲劳和紧张、减轻心理压力及娱乐身心等一举多得之效。需要提醒的是，听音乐时间要合理，不要过长，同时音量也不要过重，否则，适得其反。

5. 名言自勉。不管一切如何，你仍然要平静和愉快。生活就是这样，我们也就必须这样对待生活，要勇敢、无畏、带着笑容地——不管一切如何。

考生怎样预防神经衰弱

小强是一名高一学生，一向学习成绩很好的他，最近却怎么也学不进去了。早晨起床后，他总是感到全身乏力、四肢沉重、身体很虚弱，干什么都提不起劲来。上课时他总是走神，注意力不集中，学习效率极低，脑子里昏昏沉沉的，对于老师提问的问题也常常答非所问。并且，他在考试或者做题时总觉得难以集中精力思考，浮想联翩，因此常常出现差错。

小强为此十分苦恼，性格也变得敏感、暴躁起来，常常因为一点小事大发脾气。近来，他又开始出现失眠的现象，总是在晚上该睡的时候睡不着，好不容易睡着了又总是做噩梦并且容易惊醒。因此，白天他总是哈欠连天，无精打采，上课时总是眼睛望着黑板发呆。

最终，老师和家长都发现了小强的异常症状，经过双方交流、磋商之后，决定求助于心理医生。经医生诊断，小强患上了严重的神经衰弱，已经影响到正常的学习和生活。因此，医生建议，让小强休学一段时间进行治疗和调养。

专家经过分析后认为，小强的神经衰弱可能是由过重的学习负担引起的，并且可能与去年的中考有一定关系。因为，在临床实践中我们发现，经常有考生因考试压力太大而罹患神经衰弱。并且，在对小强的后续治疗中，我们了解到，小强的神经衰弱症状确实是从中考时期开始的。

中考时，小强因为担心考不好，晚上经常复习到很晚，严重睡眠不足，因此白天总是昏昏沉沉，学习效率很低。虽然，后来小强顺利进入理想的高中，但是这次中考经历为他的神经衰弱埋下了祸根。

专家指出，由于考生的学习负担过重，脑细胞极力提高其功能，造成耗氧量过大。然而，此时血红蛋白供氧能力还维持正常水平，必然导致脑细胞缺氧，最终引起大脑功能减弱。再加上精神过度紧张，心理压力大，长期下去必然会患上神经衰弱。

专家建议，预防考生神经衰弱的关键在于保证充足的睡眠和休息时间，可以从以下几个方面着手：

1. 睡眠要有规律。考生不能为了补足睡眠时间而早睡或晚起，应该养成一个良好的睡眠习惯，该睡就睡，该起就起。

2. 睡前要放松。考生在晚上睡前半小时要让大脑进入放松状态，不在此时看书、做题或者做一些会让大脑产生兴奋、紧张情绪的事情。另外，睡前可以洗个热水澡或者用热水泡脚，扩张血管，放松神经，有利于睡眠。

3. 心态要乐观。考生要对社会竞争和个人得失有一个正确的认识，以一个平常心去看待这一切，保持心理上的乐观和放松，才能获得良好的睡眠。

第六章　专注力与观察力训练

什么是观察力

观察是有目的、有计划、比较持久的知觉。这是人对客观事物感性认识的一种主动表现，是有意知觉的高级形式。

观察是人们认识世界、增长知识的主要手段。它在人的一切实践活动中，具有重大的作用。人们通过观察，获得大量的感性材料，获得对事物具体而鲜明的印象。

我们对客观世界的认识是从感觉和知觉开始的。心理学告诉我们，感觉反映的是外在事物的个别特点，如颜色、声音、气味、味道、硬度等；知觉反映的是外在事物的整体和事物之间的关系，如形状、大小、远近等。观察与随便看看、随便听听不同。

观察必须先有一定的目的性，有选择地去知觉某种事物。观察总与积极的思维活动相联系。比如，对事物进行比较，以便了解它们的特征和本质。

观察能力的强弱决定着一个人智力发展的水平。因为观察力是智力活动的基础。观察力是在感知过程中并以感知为基础而形成的。脱离了感知就无所谓观察力。一个五官失灵、七窍不通的人，还有什么观察力可言呢？生活中常有视而不见、听而不闻、心不在焉、口不知味的情形发生，这是指感觉器官暂时失去了作用。观察力具体地讲，就是指一个人有计划地去看、去听、去闻、去尝、去思考。

人们常常赞美那些观察力发达的人“心明眼亮”，这里的“眼亮”并不是说一个人的视力多么好，而是说他观察细致准确、思维判断敏捷。从这个角度上来看，观察力是一种感觉与思维高度协调的能力，也是一种智力。

达尔文曾对自己做过这样的评论：“我既没有突出的理解力，也没有过人的机智。只是在觉察那些稍纵即逝的事物并对其进行精细观察的能力上，我可能在众人之上。”科学家从平常的现象中可以悟出非同一般的规律，艺术家可以抓住一刹那间的事物特征而构思出美好动人的艺术形象，正是由于他们超人的观察力所带来的。

观察力就是注意力的聚合

没有注意力，就没有观察力。观察力同注意力不可分割地联系在一起。成功者往往具有很好的注意力和观察力，对人生和事业专注而执著。

注意力是有目的地将心理活动长时间地集中于某一事物或某

些事物的能力，是对事物和现象的警觉、选择能力，即指向和集中能力。观察力是人在观察活动中表现出来的一种智力，观察活动本身就是一种有目的有注意的活动，是一种有计划的意向活动。从这个意义上来说，观察力也就是注意力的聚合。

控制和集中注意力，使其根据我们的需要而具有一定的指向性、集中性和稳定性，对于提高观察的效果大有裨益。注意力的稳定和集中与思维的活跃程度成正比关系。思维越活跃，注意力就越集中、越稳定，观察活动也更有效。

好的观察力的表现在：

1. 指向明确，观察全面

观察力具有明确的指向性，这就使得各种观察活动能遵循既定的目标向前发展，能自始至终。比如：明确观察目的及对象——合理安排观察顺序——把观察结果同研究的问题结合思考——考虑每个观察步骤是否达到目的，等等。

指向明确、计划清晰，非常有利于在观察时既见森林，又见树木，而不是偏重于某一方面而忽略了另一方面。而全面，正是观察的基本原则。

明代医学家李时珍在古医书上看到巴豆是泻药，于是在治病时总把巴豆当做泻药使用。可是，有一次他在治疗的过程中，试着给腹泻患者以少量巴豆，却发生了意想不到的结果：患者的腹泻止住了。于是，李时珍对巴豆的药性进行了全面的观察，发现从总体上讲，巴豆是一种泻药，但针对某些特殊的病症，却又是一种止泻药。

具有好的观察能力的人，观察问题与李时珍一样，比较全面。比如在观察一个人的时候，不仅看到她高高的个子、优雅的神情举止、温柔的语调、整洁的外表，还格外注意到其光彩有神的大眼睛。

反之，观察能力不好的人对于他们司空见惯的那些最一般也是最常见的东西往往都没有明确的概念。比如有的人观察室内的花草时，虽然能叫出花和叶，却不能明确地指出茎和根；细看鸟的图画时，虽然能指出鸟有头、喙、翅膀、尾巴、腿和爪，但不是所有的人都能说出颈和躯干这两个部分。

2. 观察细致，感受独特

细致，是观察能力的基本要求，也是影响观察能力高低的基本因素。

观察能力强的人往往能够仔细地观察每一个事物，哪怕再细微的变化，也逃不过他的眼睛。

20 世纪初，奥地利青年气象学家魏格纳，在一次住院期间，偶然地对病房横挂的世界地图的奇异形状发生了浓厚的兴趣。平常，这司空见惯的地图形象，根本不会引起病人和工作人员丝毫的兴趣。魏格纳却透过这平凡不为人所注意的地图形象，仔细观察且觉察到其中的奥妙：

地图中大西洋两岸的大陆的海岸线凹凸部分正好相反，愈看愈觉得图中的整个欧洲、非洲、南北美洲东部，简直像是一张完整的报纸被撕成的两半。

恰恰是这一独特感受，使得魏格纳成为“大陆漂移”说的缔造者。魏格纳之所以能透过一张普通的世界地图提出新的科学猜想，一个很大的原因就在于他具有较强的感受事物的能力，能从现在的地图形象，由此彼及，认识到它是由远古时期的整块大陆经历无数次漂移和演变而逐渐形成的结果。

一个感受独特的人，在观察事物时，往往能获得深刻的体验，能感受到那些别人感受不到的东西，能从日常生活和平凡的事物中领悟到新东西，在别人看似不可能产生希望的地方创造奇迹。

3. 观其本质，预见性强

巴甫洛夫曾经说过："在你研究、实验、观察的时候，不要做一个事实的保管人。你应当力图深入事物根源的奥秘，应当百折不挠地探求支配事实的规律。"这就是说，巴甫洛夫主张观察不但要准确，而且还应达到能透过现象看本质、力图深入事物奥妙的程度。

准确，是观察能力的根本，也是观察能力表现效果的根源。抓住本质特征，是观察的目的之一。观察时抓住事物的本质，不仅能认识事物的现在，还能预见未来。一个观察能力很强的人，能够经常预言事物发展变化的趋势和方向。

许多敏锐的观察者都具有相当出色的预见能力：英国气象学家欧文·克里克，是一位公认的气象预报专家。在长达50年的气象预报生涯中，他的预报一直保持着很高的准确率，就连三四个星期以后的气象预报，准确率也高达80%以上。英国天文学家哈雷对"大扫帚星"的运动规律所作出的科学推断，被学术界誉为“智慧的预见”。

“天才的预言家”雪莱跟任何人哪怕只交谈很短的时间，就能写出若干小时之后的谈话情况，他还深有体会地说，自己“不但深刻观察了现在的实际情况，发现现存事物应该遵守的法则，而且还从现在观察到将来”。

4. 善于联想，时常更新

观察力强的人在观察事物时能对具体的情况进行具体的分析，不生搬硬套，并能迅速而准确地认识到事物的特征。

观察步骤训练

要想获得较好的观察力，必须掌握观察要领。

（1）要有明确的观察目的任务，没有明确的目的任务就没有注意力的集中。如在旅游活动前，老师嘱咐学生注意观察，回来后写作文。由于没有明确说明写什么，一些学生事先又不会拟定计划，所以尽管看到了许多东西，但却写不出好文章来。

（2）观察要有必要的知识准备。这是因为观察伴随着思考，思考需要有关的知识作对比、作判断依据。

（3）要有周密的观察计划。外界事物在不停地运动变化，时间一分一秒地流逝，使得我们要观察的对象也随之出现、变化、消逝。因此，有意识的观察应配以周密的观察计划，免得到时候因事物的变化而手忙脚乱。例如：学生带着写《欢乐的节日》的作文任务去参加节日活动。事先就要计划好怎样观察节日的气氛、怎样观察活动场面、怎样观察一些细节来表现人们的欢乐心情。否则，回来只能写一些“彩旗招展、掌声雷动”之类的词语，一些最有表现力的细节，如人物的神态、动作等都没观察到，文章就显得空洞无物。

要想提高观察力，最重要的是多实践。如中学生在做大量的实验，写观察日记、写说明文之前，都可以事先作好知识的准备和观察计划，然后才着手。

一般的观察步骤是：

（1）先观察全貌，得出总体印象，找出总体特征；

（2）找出总体中各个组成部分的特征及相互间的关系；

（3）观察各个部分的重要细节。

比较平常的观察，是看建筑物。例如：看一座大会堂，如果你由长至宽、由上至下，再看了其他细节，即使当时记忆再深，经过48小时以后，要你准确地描述一下，你将会感到困难，因为那样的观察只能是走马看花，而不是观察入微。

下面介绍一些观察方法：

（1）先观察全貌：长方形、三角形还是球形；

（2）规模大小和长、高的比例，等等；

（3）观察建筑艺术：正面、四角、柱子、窗户、几层楼、屋顶；

（4）观察细节：飞檐、雕刻、金属饰品，等等。

这样才能算得上真正的观察，才会在你的记忆中留下持久的印象。

那么，如果不是观察建筑物，而是要观察风景、图画、实物、人貌，那怎么办呢？我们可以按下列的步骤去做：

(1) 观察全貌、占地大小；

(2) 观察和估计规模的大小；

(3) 整个结构（外表、风格和色调）；

(4) 研究各部分的关联及其特点；

(5) 研究再深入至各部分的细节。

这种步骤也不能死记，最好的办法是你自己提出问题，并向自己来回答它。如："屋顶是什么形状的？是三角形的。高度是否大于宽度？否，高度不到宽度的1/4。有几根竹子？正面有八根。建筑物墙脚下面的雕刻图案表示什么，表示古代的战役，等等。"

运用这些步骤，我们来看雨果在观察巴黎圣母院之后的描述：

巴黎圣母院决不能称为一座完整的建筑，也无法确定它属于什么类型。它既不是一座罗曼式教堂，也不是一座哥特式教堂。这座教堂不只属于一种类型。巴黎圣母院不像杜尔尼斯大寺院，它根本没有那种笨重建筑物的宽度，没有又大又圆的拱顶，没有那种冷冰冰、空荡荡那种环形圆拱建筑物的庄严简朴。它也不像布尔日大教堂，不是那种华丽而轻浮、杂乱而多样的高耸入云的尖拱化建筑。不可能把它算在那些幽暗、神秘、低矮，仿佛被圆拱压垮了的古代建筑之列。这些教堂的天花板接近埃及的风格，一切都是难以理解的、一切都是祭典式的、一切都是象征式的。在那里，菱形和锯齿形的图案要比花的图案多，而花的图案比鸟兽的图案多，鸟兽图案又比人像多。与其说它们是建筑家的作品，不如说它们是主教的作品。这是艺术的第一次变革，处处流露着始于西罗马帝国征服者居约姆的神权政治和军国主义的精神。也不可能把我们这座教堂列入另一些教堂里面，它们高耸入云，有着很多彩绘大玻璃窗和雕刻，形状尖峭，姿态大胆。这些教堂作为政治的象征散发着市镇和市民的气息，而在艺术方面又奇幻奔放，富于自由的色彩。这是艺术的第二次变革，它的时期是从十字军东征归来开始到路易十一王朝为止，已不再是难以理解的、进步的、平民化的建筑了。巴黎圣母院既不像第一种类型的教堂那样纯粹是罗马式的，也不像第二种类型的教堂那样纯粹是阿拉伯式的。

从上面的描述可以使人看出伟大作家的观察力是多么的精细！他不但在看，而且在想。既有历史的对比，又有同类的对比，把一座古建筑“看”出了剔透玲珑的形体感来。

观察的顺序反映了一个人头脑中的条理性。从远到近或从近到远、从大到小或从小到大、从浅到深或从深到浅、从静到动或从动到静等等，无不是这种条理性的表现。在与客人初次会面时，也有一定的观察顺序，一般如下：

（1）仔细听清人家的姓名；

（2）注意其脸部特征；

（3）鼻子是高是平；

（4）双眼皮或是单眼皮；

（5）他的名字能否和其他人名或事物联想起来。

按这样的顺序反复地进行观察，对记住别人的姓名和容貌会有帮助。

又例如学习英语单词，也应有一定的程序。每遇到一个新词的时候，就要进行下列程序的记忆：

（1）注意这是新词；

（2）细心注意它的拼法，把它的词义弄清；

（3）研究其拼写法与发音的特点，最好查一查较详细的词典。如“high”（高）这个单词，寻找其发音特点，可知“hi”是发音部分，而“gh”是不发音的；

（4）注意单词的前后关系，在文句中的位置及其作用。最后，还要分辨出它是主语还是谓语，以及是动词还是名词等；

（5）分析其拼写法有什么容易记住的特征。如“forget”（忘却）一词，就是由“for”（替代、因为、关于）和“get”（得）二字拼连而成；

（6）该词的拼法、发音、意义等能否联想起其他单词。

通过上述的观察程序，我们对这个词的记忆将会大大加深。

善于观察的人，容易把握事物的基本特征，对观察过的事物记忆深刻。在实验课上进行物理或化学实验，观察能力强的学生收获就比观察能力弱的学生大得多。创造性的活动更需要良好的观察力。许多有巨大成就的科学家，都具有非凡的观察力。例如：巴甫洛夫就提倡“观察、观察、再观察”，并把这作为座右铭，刻在他实验室的墙上。

学生观察力训练要领

前苏联心理学家赞科夫通过长期研究指出：学习上所谓“差生”的普遍特点之一就是观察力注意力较差。注意力的好坏离不开观察力，训练观察力可以提高孩子的注意力，发展智力，提高学习效果。

观察力是通过后天学习、实践获得和发展的。学生们喜欢动手，喜欢了解新鲜事物，对世界充满好奇，他们看绿豆发芽、看蚂蚁搬家，看动物表演……在这样一些活动中，孩子们自觉不自觉地发展着自己的观察力，但是仅仅靠孩子无意识地发展自己的观察力还不够，我们要从小有意识地引导孩子的观察行为，使孩子的观察力得到更好更快的发展。如何培养孩子的观察力，应该注意以下几点：

一、培养观察兴趣，激发观察的主动性

孩子的好奇心特别强，新鲜的事物很容易引起他们的注意，喜欢提问，这是培养孩子观察力的最佳契机。但孩子们注意力观察力的稳定性较差，很难维持较长时间，这需要家长有意识地加以帮助和引导。比如，孩子拿到新玩具喜欢拆，家长切不可粗暴地加以阻止，而应引导他们学会边拆边观察每一部分的结构特点，然后再组装起来，让孩子学会观察。家长还可以有意识地提出问题让孩子观察，比如冰糖放到温水里到哪里去了呢？让孩子

满怀好奇心去实验观察，每次观察既满足了好奇心，渐渐地又会使孩子对观察实验活动产生浓厚的兴趣。

但是，观察活动有时是枯燥的。特别是单调的、变化慢的、需要长时间连续观察的事物，孩子即使是开始时有兴趣，也往往会半途而废，这时家长的鼓励和表扬就显得尤为重要。“表扬”并非不论好坏一味夸好，这样就会给孩子留下“表扬不值钱”的印象，起不到鼓励的效果。而是当孩子有进步时，我们一定要毫不吝啬地给予表扬，这会对孩子的观察热情产生巨大的推动作用。

二、教给孩子基本的观察方法

1. 明确观察目的。孩子在观察事物中，有无明确的观察目的，得到的观察结果是截然不同的。目的越明确，孩子的注意力就越集中，观察也就越细致深入。

举个例子，在周末，你和同事都带着小孩去公园玩。回来的路上，有的孩子能说出在公园里的所见所闻及自己的感受，有的小孩却说得很少，甚至说不上来，这时后者的家长可能会抱怨自己的孩子：“光疯着跑，什么也不会说，你看人家的孩子说得多好。”

其实，前者的家长可能在出发前已和孩子明确了观察的任务及要求，并在游园过程中时时注意引导孩子观察，是个“教育的有心人”。可能你没有，而且经常拿自己孩子的弱点和其他孩子的优点比较，也是家长常有的误区。

一般来说，观察的目的和要求可以从以下几个方面考虑：

（1）要观察什么？（2）要观察的对象分几部分？每部分的特征和作用是什么？（3）不同对象间的相同点和不同点是什么？（4）随着观察时间、地点的变化，观察对象有没有变化？什么地方发生了变化？（5）促使观察对象发生变化的原因是什么，等等。

2. 反复比较。引导孩子对观察对象进行比较，找出他们之间的相同与不同之处，分清事物之间的区别与联系。

3. 有序深入。孩子的观察是零乱、无序的。因此要引导孩子按一定的顺序观察事物，从上到下、从左到右，从粗到细，等等。任何事物的发展都有一定的先后顺序，教孩子按顺序观察，不仅可以让他建立一个完整的概念，还能让他养成做事有始有终、循序渐进的好习惯。

三、让孩子见多识广

俗话说："谁知道得最多，谁就看得最多。"一位知识丰富的人要比一般的人在同一事物上能多看出三个以上的问题。观察力的高低与孩子知识面有关，看到同样一个现象，有的孩子能说出很多，有的孩子却说不上几句。所以，在孩子小的时候就要让他多接触知识，父母多给他讲故事、看书，并教他一定的生活经验。

四、训练孩子写观察日记

在一次观察活动结束后，要及时训练孩子写观察日记，把这次观察的过程记录下来。包括观察了什么，用什么方法进行的观察，有哪些发现等等。坚持写观察日记，不仅可以提高孩子的观察力，还可有效地训练孩子的思维能力、语言表达能力，促进其智力的全面发展。

训练孩子的观察力还有许多方法，在日常生活中随时随地可以操作。比如：走进游乐场让孩子观察玩哪种游戏的人多；在书店里让孩子观察男小朋友多还是女小朋友多；在饭店里比较两张桌子上的不同；观察周围景物和周围人的言谈举止；练书法时比较两个笔画哪个长、哪个短、长多少、短多少，每个笔画写在什么位置等等。如果是过程比较长、比较复杂的事物（比如，豆芽的生长），有条件可做个观察笔记，以便事后跟踪观察分析。希望我们的家长平时做个“教育的有心人”。

下面是一位家长在培养孩子的观察力方面的做法：

每当我们去公园或外出旅游时，我都让孩子注意观察周围的花草、树木景物以及人物的言谈举止，目的是培养女儿良好的观察力。回来后，我一般都要求她写观察日记，有时我还会对她的日记做一些点评。

去年入冬第一次寒流袭击我市。早晨，我和女儿骑车去学校，我提醒她注意观察路上的景物和人物的变化。晚上她在日记中写道：“今天是最冷的一天。早上，妈妈顶着寒风送我上学，我看到路上的水都结冰了，看得出来，昨天夜里一定很冷。人们都缩着脖子，鼻子都冻红了，嘴里哈着气，身上都穿着厚厚的衣服。可来到教室，我觉得好暖和呀！心想，教室里要比外边暖和多了。”

从孩子的这篇日记里，我发现她已经开始自觉地按一定顺序观察，并且观察得比较仔细，于是我给她写了这样的评语：“女儿，你真是越来越会观察事物了，你看，你把路上的变化和人们的穿戴、表情都注意到了，而且还把自己的感受也‘观察’到了，你真棒!”

观察力训练小方法

方法1

选一种静止物，比如一幢楼房、一池水塘或一棵树，对它进行观察。按照观察步骤，对观察物的形、声、色、味进行说明或描叙。这种观察可以进行多次，直到自己已经能抓住满意的特征。

方法2

以运动的机器、变化的云或物理、化学实验为观察对象，按照观察步骤进行观察。这种观察特别强调知识的准备，要能说明运动变化着的形、声、色、味的特点及其变化原因。

方法3

抓住生活中的一件事，比如班里有位女同学因身体不适呕吐了。马上注意全班同学的各种反应：有的嫌难闻，捂着鼻子往外跑；有的调皮鬼说：“啊！丰富的午餐。”男班长假装看不见，在做作业；女班长及热心的同学扶着生病的同学去卫生室，帮忙打扫脏物……这件事继续发展如何，结果如何，都要留意观察。经常有意识培养自己的观察能力，智力的各方面素质都将会得到有效的提高。

方法4

选一个目标，像电话、收音机、简单机械等，仔细把它看几分钟，然后等上大约一个钟头。不看原物画一张图，把你的图与原物进行比较，注意画错了的地方，最后不看原物再画一张图，把画错了的地方纠正过来。

方法5

随便在书里或杂志里找一幅图，看它几分钟，尽可能多观察一些细节，然后凭记忆把它画出来。如果有人帮助，你可以不必画图，只要回答你朋友提出的有关图片细节的问题就可以了。问题可能会是这样的：有多少人，他们是什么样子，穿什么衣服，衣服是什么颜色，有多少房子，多少窗户，图片里有钟吗，钟上几点了，等等。

方法6

把练习扩展到一间房子，开始是你熟悉的房间，然后是你只看过几次，最后是你只看过一次的房间。不过每次都要描述细节。不要满足于知道在西北角有一个书架，还要回忆一下有多少层，每层估计有多少书，是哪种书，等等。

方法7

画一张中国地图，标出以下地方：

①你所在的那个省的省界；

②你所在的那个省的省会；

③上海；

④首都北京；

⑤海南岛；

⑥乌鲁木齐；

⑦鄱阳湖；

⑧青海湖；

⑨黄河；

⑩长江；

⑪珠江。

标完之后，把你标的与地图进行比较，注意有哪些地方搞错了，地图在眼前时不要去纠正，把错处及如何订正都记在脑子里，然后丢开地图再画一张。错误越多就越需要重复做这个练习。

在你有把握画出整个中国之后就画整个亚洲，然后画欧洲以及其他的洲，要画得多详细由你自己决定。

方法8

训练你的估计距离和数量的能力。散步时估计一下到达远方某一房屋、树木、纪念碑或其他东西有多少步远。然后数一下你走了多少步，自己核对一下。如果你核得不对，下一次估准一点。望着一所大房子，估计一下窗户的数目；看一下商店的橱窗，估计一下陈列商品的数目，然后实打实地数一下，自己进行核对。

方法9

辨别各种声音。坐在家里或办公室里，你可以听到数不清的各种各样的小声音，有的是家里的，其他是邻居家的，还有街上的、河里的或你住的那个地方的声音。大多数噪音你是熟悉的，但要把一种和另外一种区别开来并不是件容易的事。如果你从来没有做过这类练习的话，请辨别一下这些声音。

方法 10

辨别人的声音。要区别家里的人或朋友的声音当然没有问题，但对那些只听过几次甚至一次的声音，辨别起来可能就有困难了。你可能注意到电话里的声音变了，其变化的程度也因人而异。要注意音调的高低和变化，注意说话的模式和速度，下次再听到时，设法把它们辨别出来。

方法 11

另一个好的训练方法是听收音机。随便选一个台，听收音机里的声音。如果觉得声音很熟悉，想办法辨别出讲话的人来，随后再核对一下是对还是错。如果你记得说话的人的面孔，但想不起名字，查查节目预告或等到节目结束时注意听一下。一般来说，结束时会重提一下他们的名字。

这些练习要反复做，直到你熟练为止。

方法 12

在有条件时经常做一做如下的练习：在看到一辆汽车或自行车时，用 2 秒钟的时间看完它的车牌号，然后马上闭上眼睛，回忆这个号码。开始时可能不习惯或回忆不上来，但经过一段时间的训练，观察能力就越来越敏捷。六七位的数字只要扫一眼，马上就能回忆出来。

方法 13

回忆自己比较熟悉的一个人的相貌，回答下列问题：

（1）他的脸形与脸色；

（2）头发的颜色和发型；

（3）鼻子的形状；

（4）眼睛的特点；

（5）眉毛的形状及浓淡；

（6）牙齿的情况；

（7）下巴的形状；

（8）耳朵的特征。

要求：回答完后，下次再见到他时，再进行仔细观察，就会发现自己尽管很熟悉他，但对他观察还是很不够。

第七章　小学生专注力培养

小学生专注力的发展特点

研究表明，小学生注意发展的一般特点是：

1. 从无意注意占优势，逐步发展到以有意注意为主。

一般来讲，孩子刚刚入学的时候，热情很高，上课时往往能够集中注意。但是，过不了几天，他就坐不住了，外面的风吹草动、同学的一举一动都能够引起他的注意，使他不能专心听讲。不过，随着年龄的增长、随着老师教育的加强，他也慢慢能够有意识地听老师讲比较枯燥、比较抽象的内容了。

这个特点与小学生大脑的发育状况也有密切的关系，一般而言，大脑皮质中的额叶与有意注意有密切的关系，额叶受损的话，有意注意就会大遭破坏。前苏联著名的神经心理学家利亚的研究表明：额叶受伤的病人，甚至无法完成从屋里走出去的行为，因为在这个过程中，他们无法控制自己的有意注意。

注意力不集中和额叶有什么关系？首先说一下，大脑是分区轮流工作的，额叶到底干什么的？

它有三个功能：

第一个功能就是管注意力。集中和保持高级注意力，这是人和动物的基本区别。“集中”和“保持”，大家注意这两个词，一个是把零散没用的东西去掉，选主要的东西，这有个指向性，比如老师讲课的时候，他不注意别的，他就注意老师讲的内容，这叫“集中”，能听多长时间叫“保持”，这部分功能由额叶起作用。

第二个功能负责协调监督全脑。所有大脑的工作，由额叶来指挥，比如要记忆，由额叶分配枕叶去做。

第三个功能是控制情绪。有人说情商，情商在哪？就在脑门，所有人的精神系统都是额叶在起作用。

复习一下三大功能：①集中和保持注意力；②协调监督；③控制情绪。所以我们给额叶一个词：“大脑的大脑。”如果没有额叶，就成印度狼孩了。给大家校正一下观念，印度狼孩不是智商低，是因为他从来没有人类的高级注意力，额叶的功能没有了，记忆和思考无从发挥。

孩子额叶的发展比大脑中的其他部分要晚，一直要到 6 ~ 7 岁的时候，额叶才能开始加快发展，但是到了 11 ~ 12 岁的时候，孩子的额叶可以达到基本的成熟。所以到了小学高年级的时候，小学生是能够发展出有一定水平的有意注意的。

2. 小学生对抽象材料的注意逐步发展，但是具体的、直观的事物在引起儿童的注意上，仍然起着很大的作用。

一般来讲，小学生还是对直观的、具体的事物容易产生注意，而那些比较抽象的概念、定理不大容易吸引他们的注意。所以在课堂上，小学生经常把注意力分散到一些不相干的细节上去。但随着年龄的增长，儿童会逐渐学会把自己的注意力集中到需要多加注意的抽象材料上来。

3. 小学生的注意力带有明显的情绪色彩。

小学生与幼儿期的儿童一样，容易被一些新奇刺激所激动从而兴奋起来。我们经常可以发现：在电影院里有集体组织的儿童来看电影，那么电影院的情况就会非常热闹，有的成年人甚至承受不住孩子的热闹劲，转而中途退场。有经验的老师也会发现，当小学生在课堂上听得津津有味的时候，总是一动不动地表现出非常专注的样子，听到高兴处，就会露出笑嘻嘻的小脸。老师很容易通过孩子的表情判断出他是否在认真听讲，即使有的小家伙表面上想装成用心听讲的样子也装不像，但中学生就不是这个样子了。

具体到小学生的专注力发展水平上，综合国内外发展心理学家的有关研究可以总结出这么一些特点：

首先从注意力的集中性上来看，小学低年级的学生，其集中性是很差的。但是到了小学中、高年级以后，小学生注意力的集中能力就有了很大的进步，这说明小学生的注意集中能力发展速度是非常快的。

小学中、高年级以上，学生的注意集中能力可以达到相当高的水平。例如，在教学观摩课上，一年级的小学生上课时常常回头看听课的老师。而到了小学 3～4 年级，虽然教室后面坐了许多人，但是这时候的小学生几乎都可以集中自己的注意力于学习上来，似乎孩子们不知道后面坐着听课的老师。

而持续性注意力的发展，许多心理学家也从不同的角度进行过研究。

一般而言，小学生的注意持续能力会随着年龄而增长，7～10岁孩子的注意持续能力是20分钟，10～12岁约有25分钟，12岁以上孩子的注意持续能力可以达到30分钟。

注意力的判断

当一个人把注意力集中在某个对象上，常常伴随一些生理特征的变化。那么，如果在平时我们注意观察，就能根据一些特征来判断一个人是否注意力集中。以下就是注意力集中时最显著的外部表现：

举目凝视、侧耳倾听、呆视远方。这是三种典型的集中注意力时的表现。当一个学生课堂上注意力集中在老师身上时，他的眼睛就会盯着老师的眼睛，眼波随着老师的移动而移动；当我们听收音机的时候，就会无意识地把耳朵转向收音机的方向；而当我们思考一个问题的时候，眼睛往往是“呆视”的，眼睛看着远方，这些都是聚精会神的表现。

屏息。当我们注意力高度集中时，呼吸会变得轻微而缓慢，吸气更加短促呼气更加延长。在紧张注意的时候，还会出现呼吸暂时停止的情况，这就是“屏息”现象。打过气枪的人都知道，当集中注意力瞄准目标的时候，通常会不自觉地屏住呼吸。

静止状态。当一个人正在注意某一事物的时候，他的外部动作通常处于静止状态。上课时，认真听讲的学生除了必要时动手写笔记外，其他时间里，动作都是不多的。

在高度集中注意力的过程中，还会伴随其他生理现象的存在，如心跳加快、牙关紧咬、拳头紧握等。比如，在看激烈的足球比赛或其他激烈运动的比赛时，许多观众就会出现这种状态。

提高小学生上课的注意力

小学生的注意力不容易集中，对于他们来说，要做到认认真真听一堂40分钟的课不开小差很难。作为小学教师，应该根据小学生的生理、心理特点安排教学活动，激发小学生在课堂上的注意力，提高小学生的上课效率。要做到这一点，教师应注意以下几点：

一、争取学生热爱你的学科

霍姆林斯基《给教师的100条建议》一书中第22条，即“争取学生热爱你的学科”，霍姆林斯基特别强调“热爱”这一词。在他看来只要学生有热爱的方向，就算其他功课稍弱点也问题不大，最让人担心的反而是那些门门功课都得优秀，却没有一门课是他热爱的这一类学生。他认为，他们只是平庸之辈。这一条和第29条“怎样使学生注意力集中”，其实互相呼应，学生热爱你的课了，注意力自然就集中了。

二、培养学生自觉的专注力

学习是复杂的活动，会遇到困难和干扰，为克服学习中的困难，把注意力全神贯注在所要学的知识上，必须培养其自觉的、有目的的注意能力。比如教师可以在每课时前都明确学习任务，并提醒他们要注意什么，适时地在竞赛中完成此任务，使学生的注意力集中于活动上。

当然，对刚上学的孩子的注意能力不能要求过高，在课堂上，教师一方面通过课堂教学内容和活动来吸引学生的注意力；另一方面对注意力集中困难的学生多一些关注，通过适时的提醒，帮学生维持注意力；教师还应该结合课堂学习内容组织一些专门的训练注意力的活动，促进学生注意品质的提高。同时，多给这些学生表扬鼓励，以此强化他们的适宜行为。

小学生注意力辅导案例

辅导题目：老师头顶的蜜蜂

主题分析：注意力是人对一定事物指向和集中的能力，它是智力的基本要素之一。注意力是记忆力、观察力、想象力、思维能力的准备状态，所以它被人们称为“心灵的门户”。注意力有四种品质，即注意力的广度、注意力的稳定性、注意力的分配和注意力的转移，这也是衡量一个人注意力好坏的标志。小学生的注意品质存在着差异性，通过训练可以得到提高。

目的要求：通过注意力训练培养小学生注意力的稳定性和注意力的广度。

课前准备：选例、制作投影片、录音机。

辅导方法：讲解法、讨论法、训练法。

操作过程：

1. 导入新课。教师给学生讲故事（放录音），随后板书“老师头顶的蜜蜂”。

小刚和小红是同桌。在上数学课的时候，小红认真地听着老师的每一句话，看着黑板上的每一道题，不时地在笔记本上记录。而小刚呢？虽然也想好好听课，但是一听到窗外有鸟叫声，就情不自禁地想看看这鸟长得什么样；一听外面有人大喊大叫，他就想知道发生什么事了；还不时地用手摸一下衣服兜里的乒乓球，想着一下课就马上去抢占乒乓球桌子。突然，他看见窗外飞进来一只小蜜蜂，在老师头顶舞来舞去的，那蜜蜂嗡嗡地跳着“8”字舞，可有意思了。他不由得笑出了声。老师看见了，要他站起来回答问题，这下他可傻了，老师讲什么他一点也没听进去。小刚低着头，红着脸，紧张得不知所措。老师批评了他，然后要同桌的小红回答同一个问题，小红干净利落地回答了老师的提问。老师满意地笑了，然后对小刚说：“你可得好好向小红学习啊！”小刚惭愧地坐下了。

2. 课堂讨论。

（1）小刚为什么回答不出老师的提问？小红为什么能回答老师的提问？

（2）小刚应该向小红学习什么？

（3）从这个故事中，你懂得了什么道理？

3. 课堂操作。

（1）注意力广度测验。找一些大小相同的玻璃球放在桌子上，然后用盖子把玻璃球盖上，不让对方看见。这时，告诉学生要注意桌上玻璃球的数量，然后老师在很短的时间内出示一些玻璃球；让学生说出这些玻璃球的数目，并记录学生的回答，看他能说对几次。

(2) 注意力集中训练。老师依次念一些事物名称（小猫、白菜、黄瓜、苹果、长颈鹿、西红柿、黄鱼、松树、蜻蜓），让学生听到动物名称拍一下手，听到植物名称拍两下手。

(3) 注意力稳定性训练。

①听觉训练。请你找一个闹钟，听它的滴答声，并伴随着闹钟的声音，在心中默念“滴答、滴答、滴答”……第1天念10次，第2天念15次，第3天念20次，第4天念20次以上，每天做8次，这样做5~6天就行了。

②视觉想象训练。首先在大脑中想象一个点，在这一瞬间除了这个点外，头脑中什么也不想，然后再延长这一点使点变成直线，然后在大脑中描绘成旋涡状等的简单图形。这样每隔一天，让图形复杂些，并用心多描绘几次，连续做10天。

(4) 注意力广度训练。用5秒钟看一些东西，如书桌上的东西、橱窗内的东西，然后闭上眼睛说出这些东西的名称，越具体越好。

总结和建议：

1. 通过本课的学习，我们知道上课只有注意力集中，专心听讲，才能学到知识，提高学习成绩。

2. 注意力的稳定性和广度经过训练是可以提高的。

课外作业让小学生自己开展一些比赛活动，如“拣豆比赛”、“穿针比赛”等来锻炼自己的注意力。

三、要避免单调呆板

刚刚进入小学的学生，他们仍乐于在游戏中获得知识。因此，长时间用同一方式进行单调的教学，会引起大脑皮质的疲劳，使神经活动的兴奋性降低，难以维持注意。如果让他们在活动中交替使用不同的感觉器官和运动器官，不但可以减少疲劳，还能引起学生注意。

现在小学里上课都会用多媒体课件，事实也证明确实对上课很有帮助，有了各种图片，声音的配合，学生听得就越认真了。在上课的时候要克服僵化呆板的教学模式，讲究变化性，比如在英语教学中，学生在学习新单词时，采用多种方法读单词。比如开火车，高低声，分组竞赛等模式，有了不断变化的方式，学生才不会觉得枯燥。

四、内容要丰富、有逻辑性

在认识事物过程中，人们感兴趣的东西并不是完全不了解的东西，也不是完全熟悉的东西。因此，老师的讲授必须在学生已有的知识基础上循序渐进、逐步深入，把新内容和已学的知识联系起来，更容易引起学生的注意。

五、加强师生之间的双向沟通

在教学中常要求学生认真听讲，形成一种主从关系，其实老师要注意学生，才能引起学生对老师的注意。很难想象一个“目中无人”的老师能引起和维持学生对教学活动的注意。因此，老师要时刻关注学生的学习状态，注意学生的反映，了解学生的要求，并且调整自己的教学。师生间互动多了，学生注意力涣散的机会也就少点了。

六、防止与教学无关的刺激对学生的干扰

小学生注意力涣散，好奇心强，一点风吹草动都会引起他的注意。有这样一个例子：一位一向穿着一丝不苟的物理老师，某天突然穿了一件全身印着小熊的衣服，一进教室就引起了学生很大注意，而之后的一节课学生都时不时会去注意老师的衣服，影响了听课的效率。所以教室的布置以及教师的穿着，应该以简洁为主，不能因为任何外界的花哨影响学生的听课效果。

教师上课前需要注意的几点：

1. 稳定情绪。刚刚进行完考试或刚刚结束课间游戏，或课间发生过争辩、讨论等，学生的情绪不够安定，教师可以通过语言暗示或针对学生的争论因势利导等方法来稳定情绪。要求学生预备铃响后立即进入教室，以保证稳定情绪所必要的时间，也可以避免因个别迟到引起全班学生的无意注意。

2. 避免一些不适当的做法，教师不应在这一阶段分发上次测验的试卷或公布成绩，也不应将实验仪器或教具等直接放在讲台上，而应放在讲桌里，以免引起学生的无意注意，导致分心。

3. 坚持“起立坐”仪式这一系列规范动作。可以帮助小学生在意识上画出一条明确的分界线，使他们更自觉地将对课前活动的意识转向当前课堂活动的意识上，有利于实现及时的注意力转移。

家长帮助孩子提高注意力

孩子上小学了，家长都想知道如何让孩子尽快适应学习生活，要提高孩子的学习成绩，就要培养和训练他们的注意力，使孩子养成专心致志的读书习惯。家长应该争取做到以下几点：

1. 培养孩子善于集中注意力。注意力集中的孩子，不但完成作业比较快，而且质量好、效率高。善于集中注意力的孩子学习起来比较省劲，效果比较好，也因此有更多的时间休息和进行娱乐活动。在小学阶段，低年级学生主要的是要养成良好的学习习惯，稳定持久的注意力是学习习惯中最重要的一方面。

给低年级孩子请家教要慎重

为了让女儿接受优良的教育，刘女士特意为女儿选了所好学校。可开学两个月以来，孩子的语文成绩始终不及格，孩子回来哭着说老师教得太快，自己跟不上，这可急坏了刘女士。刘女士说："我工作比较忙，孩子托给母亲带，母亲文化水平低不会教孩子，最后只能找了位重点中学的语文老师来给孩子补课。现在，女儿每个双休日都要去老师那里上课，虽然不忍心看到女儿这么累，但为了提高成绩，只能让她多吃点苦了。"对于结果她还比较满意："原来我女儿每次考拼音总不及格，现在请了家教后成绩提高了不少。"

现在有不少小学生的家长自己每天都把一天的功课给孩子讲

一遍，或者给孩子请家教，以为可以帮助孩子提高成绩。那么给低年级学生请家教是否合适呢？小学生各方面可塑性都很强，他们更多的是在吸收知识、打基础，孩子是否学得好一般都要在三四年级以后才逐步显现出来。因此，一二年级就给孩子请家教未免为时过早。低年级学生天性活泼好动，无休止地占用孩子的玩乐时间，进行“补习”性质的家教，会让孩子对学习更加厌烦、排斥。而且，如果一年四季都让家长给补或有家教指导，孩子认为有了依靠，他就不需要上课听讲了，反正回家有人给他讲，很可能对孩子上课的注意力集中带来不利影响。

2. 给孩子营造安静整洁的学习环境。孩子的书桌上除了文具和书籍外，不应摆放其他物品，以免分散他的注意力；抽屉和柜子最好上锁，以免孩子随时翻动；书桌前方除了张贴与学习有关的地图、公式、拼音表格外，不要贴其他吸引孩子注意力的东西；不要让孩子一边看电视，一边做作业。

3. 要求孩子在规定的时间内完成作业。有些父母因为孩子的注意力不集中就在孩子身边“站岗”，这不是有效的办法，长期下去会使孩子产生依赖心理。应给孩子设置一个合理的时间范围，让孩子在规定的时间内完成作业。同时，父母应该了解，注意力持续时间的长短与孩子年龄有关：5～10岁孩子是20分钟，10～12岁孩子是25分钟，12岁以上孩子是30分钟。因此，如果想让六七岁的孩子持续60分钟做作业是不科学的。

4. 让孩子在一定时间内专心做好一件事。常听有些父母说：“我的孩子做事效率低，做作业动作慢，一边写一边玩。”父母要注意培养孩子在某一时间内做好一件事的能力。对于家庭作业父母要帮他们安排一下，做完一门功课可以允许休息一会儿，不要让孩子太疲劳。有些父母觉得孩子动作慢，不允许孩子休息，还唠叨没完，使他们产生抵触心理，效果反而不好。

还要注意合理安排学习内容的顺序。研究表明，开始学习的头几分钟，一般效率较低，随后上升，15 分钟后达到顶点。根据这一规律，可建议孩子先做一些较为容易的作业，在孩子注意力集中的时间再做较复杂的作业，除此，还可使口头作业与书写作业相互交替。

5. 对孩子讲话不要过多重复，尽量减少对孩子唠叨和训斥的次数。有的父母对孩子不放心，一件事要反复讲几遍，这样孩子就习惯于一件事要反复听好几遍才能弄清。当老师只讲一遍时，他似乎没听见或没听清，这样听课常使得孩子不能很好地理解老师的讲课内容，也就谈不上取得好的学习效果。

家长要尽量减少对孩子唠叨和训斥的次数，让孩子感觉到他是时间的主人。父母的唠叨和训斥只会让孩子对相应的事情产生厌烦，从而注意力更不可能集中。不妨让孩子感受到自己是时间的主人，教孩子学会分配时间，当他在相对短的时间内集中精力做好功课，便有更多的时间做其他事情。孩子自己掌控时间，有成功的感觉，做事会更加自信。

6. 训练孩子良好的听力。“听”是人们获得信息、丰富知识的重要来源，会听讲对学生来说是非常重要的。父母可以让孩子听音乐、听小说，鼓励孩子用自己的话描述所听到的内容，从而培养孩子专心听讲的好习惯。

只要掌握科学的方法，就能帮孩子开个好头，养成良好的学习习惯。

小学生注意力测试（家长观察表）

对于下列的试题，觉得符合自己情况的在括号里画“√”，反之画“×”

1. 孩子在家里写作业，一会儿做这个，一会儿玩那个，很难静下心来学习。（ ）

2. 简单的题目，孩子都会做，但要磨磨蹭蹭很久，甚至一两个小时。（ ）

3. 孩子上课很少举手发言，被老师点名了，也常回答不上来。（ ）

4. 孩子被老师和父母批评了，心里越想越委屈，上课想，写作业想，学习无法专心。（ ）

5. 孩子看了好看的动画片，或者参加有趣的活动，到第二天上课还在回想，甚至上课时与同桌讲话，注意力无法及时转移到学习上来。（ ）

6. 孩子做作业粗心大意，做事经常三心二意。（ ）

7. 孩子有的时候上课不能进入状态，听课心不在焉。（ ）

8. 在家里写作业，听到脚步声和有人走过来，就会掉头张望，大人在客厅看电视，他容易坐不住。（ ）

9. 读书静不下心来，不能持续 30 分钟以上。（ ）

10. 孩子很爱穿那一两套自己特别喜欢的衣服。（ ）

11. 孩子的好朋友各方面都和孩子很相似。（ ）

12. 哪怕很小的事情孩子常担心自己做不好。(　)

13. 孩子做事有些拖拖拉拉。(　)

14. 教育孩子的时候，孩子常常会左耳进，右耳出，不知我在说什么。(　)

15. 一有担心的事情，孩子会终日考虑，干什么事情都是提不起精神。(　)

16. 做作业时，孩子觉得时间过得特别慢。(　)

17. 被老师批评后，孩子很难忘记，有时几天都不高兴。(　)

19. 孩子做事情没有定计划的习惯。(　)

20. 要孩子参加自己不喜欢的活动，他特别难受。(　)

自测标准：

总共有20个选题，在括号里画“√”，得0分，画“×”得1分。如果得0~5分则为注意力较差；得6~10分则注意力一般；得11~15分则为注意力较好；得16~20分为注意力很好。

培养孩子做事的持久性

萌萌是一个聪明活泼的三年级女孩，但就是上课听讲的效果非常不好。老师在上课的时候，经常会发现萌萌的眼睛不是黯然无神，就是盯着窗外或者周围其他的同学，要不就是手里不停地摆弄着铅笔、尺子、书包带等物品。若是教室外发生了什么事情，有什么声音，萌萌一定是全班第一个被吸引过去的。她回答问题时，常常是“一问三不知”，不用说，她的考试成绩在班里只能排中下等，如此不良的听课状况，一旦孩子升入高年级，功课肯定跟不上。为此，老师私下找来了萌萌的母亲。果然，她母亲也说孩子在家做作业的时候，总是磨磨蹭蹭，边做边玩，不是要喝水，就是要上厕所，还经常发愣，而且正确率也不高。萌萌的母亲因此非常苦恼。

萌萌的问题是在非病理的情况下做事注意力不集中、做事情缺乏持久性，这恐怕是最令父母头疼的问题之一。没有养成良好的专注做事的习惯，是造成孩子注意力不集中的最重要因素。这类孩子的特点是：

1. 当孩子面对他不感兴趣、不明白或者认为太容易的事情时，往往表现为自我监控能力弱，易走神。

2. 注意指向分散，意识紧张度不足，易被周围其他事物所吸引。

3. 思维容易分散，注意稳定性低，做事做不下去，缺乏持久性。

4. 做自己喜欢、感兴趣的事情（如看电视、做手工、玩电脑游戏、观察小动物等）往往能够做到注意力十分集中，不易受外界环境干扰。

如果发现孩子具备以上几种特点，这就说明您的孩子没有养成专注做事的好习惯。这很可能是由于家庭环境不良或父母没有注意培养孩子这方面习惯造成的。比如萌萌在家里做作业的时候，她的书桌上总是堆着几件小玩具和果汁、点心之类的东西。萌萌的母亲也习惯于在看着孩子写作业的同时，打电话和同事聊天。萌萌的学习环境中有太多的容易分散她注意力的事物，使她无法集中精力做事。当母亲发现孩子做事磨蹭、拖拉时，只是不停地唠叨、催促和训斥，使孩子更加丧失了对学习的兴趣，学习和做事不仅不能集中注意力，也很难坚持下去。

下面介绍几个案例，其方法对于培养孩子专注做事并保持注意力的持久性很有帮助：

一、循序渐进法

许多孩子在书桌旁坐 15 分钟后，就再也坐不住了。到了小学三四年级，如果仍旧是这样，每次只能坚持 15 分钟，就显得太短了。家长希望孩子能多坚持一会儿，可是强迫他们坐在书桌前的话，反而起不到应有的效果。

延长孩子的学习时间，培养专注习惯，应采取循序渐进的方法，不宜操之过急。比如，一开始可以延长到 20 分钟；然后，再延长到 25 分钟。依此类推，对现在只能坚持 15 分钟的孩子，可对他说："能坚持 20 分钟就可以让他做他喜欢做的事!"再用闹钟或计时器确定好 20 分钟的时间，与孩子约好："表一响就可以让他做他喜欢做的事。"若孩子果真做到能坚持 20 分钟，家长就要马上履约，还要赞赏一下。

坚持几周后，就可让孩子向 25 分钟挑战。如此慢慢将时间延长下去，那么几十天过后，孩子或许就能坚持 50 分钟甚至 1 个多小时。

对于好动、注意力不集中的孩子，要引导和培养孩子多看课外书，从孩子兴趣入手，把他带到新华书店，让他选择他喜欢看的书。训练开始可以每次10分钟，看后提问或让其复述，然后慢慢过渡到每次12分钟、15分钟、18分钟、20分钟、25分钟……50分钟等，要求看时必须专注、认真；不专注、不认真则立即停止，让孩子休息、活动、调节一下后重新开始。只要看必须要专注、投入和训练时间循序渐进慢慢拉长是训练的要点。同时，孩子表现好，总结评价时要给予关注、认可、鼓励、表扬或激励进行强化；表现不好时给予宽容、提醒、批评或惩罚，但要以激励为主，惩罚限制为辅。最好让孩子在训练过程中能体验到快乐、成功和战胜自我的自豪感，这样孩子对训练才有积极性和主动性，毕竟趋乐避苦是人的天性。

训练孩子注意力持久性的首要原则就是：只要做（不管是看书、做作业，还是做事或其他活动）必须高度集中认真，讲究效率，否则就停下来，不做了，休息调节一下，然后再高度集中认真地做。在孩子原有注意力的基础上时间慢慢拉长，最好是每3天增加1分钟，这样经过一段时间训练，孩子注意力的持久性就会有很大改善。

二、有始有终法

英豪是国际奥林匹克数学竞赛铜牌得主。他妈妈说："英豪不仅学习专心，而且相当执著。譬如，玩拼图或学一样新的东西，一定要把它完成才罢手，学习、做事都有始有终。"

在小学二年级时，令他妈妈印象深刻的是记录"竿影移动"的事。一般老师要学生回家记录，能真正去执行的，恐怕不多，但英豪确实认真地观察了。他妈妈提及往事：

“那真是在做学问，才小学二年级，住都市，必须上顶楼阳台，才观察得到竿影的移动。他每两小时一定会上顶楼加以记录。从早上一直观察记录到下午，从没有间断，这对我来说印象非常深刻，从这里可以了解到孩子非常专心。”

在平时学习、生活中，不论孩子是在做作业，还是在游戏，或做家务，都要注意培养孩子只要开始做，就要认真把它做完的习惯。不管时间周期有多长，一段时间只做一件事，一本书没有看完，不去看第二本，除非他决定放弃；一幅画没有画完，不去画别的；做一件事时，不去想其他的事等，多次以后，孩子就能渐渐养成了专注的习惯。

需要注意的是，在孩子做事的过程中，家长切勿随意打扰，以免孩子养成半途而废的不良习惯。拼图拼到一半时，不要喊他去吃东西；练琴没有结束，不要跟他说别的。除此之外，还要注意两点：①玩过玩具要把玩具收拾好，再去做别的。②如果某项活动周期稍长或由于其他特殊原因，孩子一次做不完，家长要帮助孩子保存好现状，让他以后接着做，一定要完成才行。这些平常小训练都有助于培养孩子做事有始有终的习惯。

苏联教育家苏霍姆林斯基很重视对学生的“有始有终做事习惯”的培养。他带领初入小学的儿童到麦田里玩耍，让儿童熟悉小麦，然后他领着儿童播种、施肥、浇水、管理、收割，直到烘制成面包，让儿童品尝。在几年里完成了有关小麦的教学实验。

这样儿童从小就培养了“有始有终”的做事能力，长大后，就善于搞跟踪研究，有事业心，善于钻研和创造。

三、爬山训练法

黄女士的儿子一入小学一年级，问题就暴露出来了，上课不专心，小动作很多，做事没长进。老师把这些情况反馈给了她，黄女士对此情况深入研究分析后，又结合孩子实际情况，决定采用爬山的方法来训练孩子注意力的集中性和持久性，结果效果相当显著。

为培养孩子能持之以恒，专注做每一件事的习惯，也为了锻炼身体，每个周六只要不下雨、下雪，不论春夏秋冬，黄女士都带孩子去爬山。周六 5：40 起床，6：10 出发，7：00 到山脚下，朝着山峰进发。黄女士在爬山的过程中，给孩子讲解一些植物的特点，一些花草的知识、一些动物的生活常识、山的一些典故，使孩子热爱生活，热爱大自然。现在，每到双休日，是孩子督促黄女士他们去爬山，作为父母，他们不敢懈怠。爬山本身既能锻炼身体，培养坚强的意志品质，也能培养注意力专注的习惯。因为稍不留神，就有可能摔跤。爬山时，黄女士从不领孩子走，为的就是让孩子专心选择自己的路，并对自己的选择负责。

经过这样训练，孩子已养成双休日爬山的习惯，不但变得阳光、健壮，而且变得勇敢、有责任心，学习做事都专注投入，并且很努力，有吃苦耐劳的精神。

制造一个专注的按钮

“全脑学习法”能有效地帮助孩子运用更多大脑的功能来学习，并且也能成功地帮助孩子改善他们的学业成绩。所谓“全脑学习法”，是同时能顾及孩子的生理、心理和学习技巧三方面的因素，来帮助孩子发挥更多大脑的潜能，以改善学习的成绩。

生理和心理状态影响学习成效，单是努力用功来提升记忆力，并不能解决孩子的学习问题。很多家长和老师们都完全忽略了孩子们的训练和培育，而其中以心理和生理最为忽略。

相信很多人都有这样经验，在读书时如果能够进入一个特别的心理状态，读书的效率便会大大提升。

可是要如何才能使孩子们进入那种特别的心理状态呢？其实大家都会知道人类的心理与生理是互为影响的，以下介绍的，便是一种根据全脑学习法的理念，以生理的状态来帮助我们进入一种特定的心理状态的技巧：

进入一个舒适的环境和身心松弛的状态。

回忆过往，尝试找寻一次“学习成功”的经验，可以是任何一种的学习，如游泳、乐器均可。

然后尝试完全投入该次经验中，在脑海中重新把该次“成功学习”的经验，再次活现出来，并留意其中所看见、所听见，及所感受的情绪。加强当时经验给予自己正面的感受。

当那次“成功学习”经验的“成功感觉”能再次浮现出来时，便把自己右手的拳头紧握5秒钟，目的是把那“学习成功”经验的“成功感觉”，保留在自己的右手中。

然后尝试站立，行走或做一些动作，使自己离开当时的状态。

尝试紧握右手拳头，测试能否重现刚才“学习成功”经验的感受。在日后当自己经历到一些“学习成功”的经验时，立即紧握右手拳头，以加强其效果。

在日后无论何时，当自己需要进入“学习成功”的那种特别心理状态时，只要把自己右手的拳头紧握，便能自然地进入那种心理状态。

这种方法就好比一个按钮，只要做好准备工作，按下它，就能帮助我们进入一种专注状态。小学高年级学生和中学生不妨来试试。

提高注意力的游戏训练

通过一些简单的训练方法，可以使小学生注意力的专注性得到提高和改善，对各种原因所致的注意力专注性不足都是有效的。当然，这需要老师、家长、学生的密切配合和坚持，并不是一蹴而就。

下面是几种比较适合小学生来做的提高注意力的小方法、小游戏：

一、学播音

广播、电视播送新闻时，广播、电视里说一句，让他重复一句。因为嘴上学上句时，耳朵要注意下句，否则就学不下去。每天 5 分钟左右即可，连续一个月，就能达到跟得上，到连续学 10 分钟不错 5 个字时，孩子的注意力的专注性就达到良好了。这种游戏在合格之后也最好经常玩玩，以训练孩子的大脑。

二、抄书

将孩子喜欢的书、报刊上的好文章抄到一个专门的文摘笔记本上。刚抄写时，一次看的字数不得少于 6 个字，依次增加，当他平均每次能看并记住约 15 个字的时候，他的注意力的专注性已经训练得很不错了。

三、扑克牌游戏

取三张不同的牌，比如梅花 2，黑桃 3，方块 5，随意排列于桌上。选取一张要记住的牌，如梅花 2，让孩子盯住这张牌，然后把三张牌倒扣在桌上，由另一人随意更换三张牌的位置。然后，让孩子报出哪一张是梅花 2，如猜对了，就胜，两人轮换做游戏。随着能力的提高，可以增加难度，如增加牌的张数，增加变换牌位置的次数，提高变换牌位置的速度等。这种方法能高度培养注意力的集中，由于是游戏，符合孩子的心理特点，非常受孩子欢迎，玩起来孩子的积极性很高。每天坚持玩一阵，注意力会有所提高。

四、韵律操，拼图

对特别好动的孩子而言，学会较复杂的韵律操可以带来成就感，也可以解决其心神浮躁的问题。每个难以集中注意力的孩子，我们都要分析其是好静型、还是好动型。对于好静的孩子可以玩拼图游戏，可以从块数比较少的图形开始；对于好动的孩子，让他3天之内学会一套韵律操，会使他的注意力和接受能力成倍上升。

五、“开火车”游戏

这种游戏要三人以上，一家三口就可以完成，当然如果有爷爷奶奶或其他小朋友参加，那就更好了。为了叙述的方便，现以三人为例，方法是：三人围坐一圈，每人报上一个站名，通过几句对话语言来开动“火车”。如，父当做北京站，母当做上海站，孩子当做广州站。父拍手喊：“北京的火车就要开。”大家一齐拍手喊：“往哪开？”父拍手喊：“广州开”，于是，当广州站的儿子要马上接口：“广州的火车就要开。”大家又齐拍手喊：“往哪开？”儿子拍手喊：“上海开”。这样火车开到谁那儿，谁就得马上接得上口。“火车”开得越快越好，中间不要有间歇。

这种游戏由于要做到口、耳、心并用，因此能让注意力高度集中，同时也锻炼了思维快速反应能力，而且这种游戏气氛活跃，能调动人的积极性，孩子玩起来，乐此不疲。

六、打乒乓球

打乒乓球需要注意力高度集中，因此这项运动有助于训练孩子注意力的集中，即使是不会打球的低年级的小学生也可以通过玩乒乓球来训练，让他用球拍托球，或用球拍颠球，绕桌子行走，要求乒乓球不能掉下来。这是小学生乐于接受的游戏。这种方法特别适合有感觉统合失调的学生。

七、寻找城市

在地图上寻找一个不太熟悉的城镇，也能提高观察时集中注意的能力。

第八章　中学生专注力培养

中学生上课走神值得注意

根据2008年9月~2009年4月举办的一项调查结果显示，中学生课堂注意力集中状况不容乐观。这项名为“中国青少年注意力关注计划”的调查，覆盖了包括上海、北京、南京、广州等全国8个大城市。绝大多数中学生认为上课最应集中注意力，但真正能做到的刚过六成，都认为应对之法是睡眠或休闲，但只有22.9%的中学生每天能保证9小时睡眠，每天有1小时休闲时间的也只有40%。

调查显示，初中和高中阶段的受调查者中，在一节课上能坚持30分钟集中听课的比例都在半数上下，八成受调查者承认自己上课“走神”。与此相对应，在自习阶段，能坚持集中注意力的青少年比例较高，逾70%能维持1小时以上集中精力学习。专家分析认为，这与学习方式的差异有关，主动学习比被动学习更容易使学生集中注意力。这正好印证了近半数受调查者认为的，教师的授课方式单调、课程内容枯燥。

调查发现，学习时间过长、课业负担过重，是影响青少年注意力集中的最重要原因。数据显示，53%以上高中阶段的受调查者表示，自己每天在学校的时间超过9小时，高三时这个比例更达六成。在“一天课后学习时间”的调查中发现，近六成高中生回答在3小时以上，其中12.7%的高中生竟要学习4小时以上。高中生每天睡眠不足8小时的占大多数，其中17.5%的受调查者每天只能睡6小时。在休息时间的安排上，回答“几乎没时间”的初中生和高中生总计超过55%。专家认为，由于课堂上学习效率不高，学生被迫挤出大量课外时间“加班”，而休息睡眠的不足又影响第二天的学习效率，形成恶性循环。

在回答“家长老师是否关注你的学习注意力状况”这一问题时，做出肯定回答的青少年只有五成。青少年的注意力状况值得全社会注意，但目前这一情况并未引起足够关注。在中学阶段，社会引起关注学生学习负担过重的状况，尽量为中学生减负。家长则不应强调孩子的学习成绩，而是关注孩子全面发展和身心平衡。

那么，作为一个中学生，怎样才能克服注意力不集中的毛病呢？从原则上来说有以下几点：

1. 明确目的。在学习中，目的越明确，对活动的意义就认识得越清楚，注意力就越能集中、稳定。心理学上曾有实验：在被试者面前设置一面屏幕，屏幕上开一个窗口，窗口后面是一个由转轴带动的长纸带，纸带上画许多圆圈，以每秒3个圆圈的速度通过窗口。被试者的任务就是把从窗口通过的圆圈用铅笔划掉，结果，被试者能在20分钟内的工作中毫无错误。这证明了一个明确的任务，对注意力的稳定性起着重要作用。同时，学习目的明确，态度端正，在活动中就能严格要求自己。这样，每次思想“开小差”，自己就有所警觉，把情绪收回来。

2. 积极思考。研究证明，活动中注意力的稳定和集中与思维的活跃程度呈正比。思维越活跃，注意力就越集中、稳定。许多科学家在工作中的注意力的集中和稳定是超强的，他们在工作中常常忘我地思考。这里有一个牛顿的趣闻，有一次牛顿邀请几个朋友过来就餐，但由于他当时正在思考某个科学问题而未能作陪。朋友都知道他的脾气，也不勉强，吃过晚餐就转身离去。等牛顿把工作做好了，回到餐厅，发现餐桌上一片狼藉，才恍然大悟原来自己已经吃过晚餐了。可见，牛顿对先前手头的工作注意力集中到何种程度。

3. 培养兴趣。如果一个人对活动本身心情盎然，在参与活动时就能很好地集中注意力；而当一个人对活动兴趣寥寥，注意力不加控制就会随时飘散。比如要是你喜欢看书，当你拿起一本小说，别人即使在你眼皮底下做什么动作，说什么话，你也不会有什么反应，因为你的注意力已经深深被书中的故事所吸引。在学习过程中，对自己不喜欢的学科就可以运用这个原理，训练自己在学习这门学科时的注意力。具体可以这么做：“选择你不喜欢的一门学科，静坐，充满信心地想象着这门学科是一门很有趣的学科，并在心里反复告诉自己，我从今天开始要好好学习这门课程，在这门课程中我一定能够学到很多有趣的东西，获得无穷的乐趣。”这样，几周学习下来，我们就会惊喜地发现，这门学科真的很有趣。有了兴趣的作用，我们的注意力就会逐渐集中起来，学习自然就变成了一件轻松愉快的事情。

4. 控制情绪。在活动中，我们要经常性地做一些自我提醒和自我暗示，不管外界刺激多么强烈，多么诱人，也要克制自己，不动声色。在学习生活中，我们可以在自己的文具盒里贴一张纸条，也可以在自己的书桌上立一块牌子，写上“集中注意力”几个字。这样，也能起到很好的警示作用。必要的时候还可以请身边的老师、家长加以提醒、监督，从而逐步培养起自己专心学习的好习惯。

“静心钻研”学习法

“静下心来，钻进去，就能有所得。”这是国际中学生物理奥林匹克金牌得主河南开封市的石长春同学获奖后的经验之谈。

1992 年 7 月 3 日，石长春随团来到芬兰的赫尔辛基之后，生活的节奏立即紧张起来，7 日进行理论考试，9 日进行实验比赛，每次考试都是整整 5 个小时，十几张卷子堆在面前，谁能不紧张啊？石长春说：“虽然开始我有些紧张，可是我看到外国选手东张西望的样子以后，反倒增强了我稳定的自信心。”

他的自信心从哪来？长春同学深有感触地说：“记得老师平时在课堂上讲学习目的要明确，同学们就笑。其实，我觉得无论干什么，只要有了目的才能有动力，有了动力才能钻进去，才能够有兴趣，而一旦有了兴趣再苦再累心情也是舒畅的。我一回到开封，就有人问我有什么经验。有啥经验呢？学习这件事，只要肯沉下去，静下心来，钻进去，就能有所得。其实，我说的这些大家都懂，只不过有些同学没有实实在在地去做罢了。”

长春的班主任说：“石长春走向成功的关键不是他的智力超群，而是他的学习的条理性和对目标的不懈追求。”他的学习环境并不优越，虽然生在城市里，却从未进过幼儿园，父母都没有上过大学，不能辅导他的学习。他的父母说：“长春这孩子在学习上从未让我们费过心。”不错，石长春从上学的第一天起就养成了这样的习惯——每天放学回家总要先做完老师留的作业，然后复习全天所学的课程，接着去预习第二天要学的课程。在他的课本上，那些只有他自己才能够认识的圈圈点点铭刻着他学习的历程。遇到难题，他去住在附近的同学求教，或者写到本子上去学校找老师。正是从小养成的良好习惯，使他有了越来越扎实的知识基础。

石长春同学凭着那股子倔强的韧劲，叩开了国际中学生物理奥林匹克竞赛的大门，荣获了这一国际性大赛的最高奖牌。他的成功启示我们：只有明确目的，培养兴趣，脚踏实地地学习，就能获得成绩。

中学生该如何听课

听课，是学生学习的中心环节，是最需要集中注意力的环节。听课的质量，直接影响学习质量，而听课质量，又取决于会不会听课，或者说是否善于听课。

相当一部分中学生，虽然至少在教室里听了六七年课，但不善于听课，其表现，或者是注意力不能集中与稳定，极易分心走神；或是根据兴趣对老师的讲述有选择性地听讲，45 分钟的课，听得断断续续，支离破碎；或是不善于观察和思考，只是被动地听，头脑这个思维的“湖”十分平静，激不起思维的浪花；或是不注重在课堂 45 分钟要质量，认为只要下课后认真看书和复习，听不听课无所谓，因而出现上语文课看数学书，上数学课做物理作业的怪现象。

怎样做才是会听课和听好课了呢？下面几方面对听好课至关重要：

1. 要有听课的积极态度，即听课的最佳心理准备。要怀着强烈的求知欲望和浓厚的学习兴趣去听课，把在教室听课视为在老师引导下步入知识宝库寻宝，相信每节课都能学到有用的知识。这种心理状态，能使学生在课堂上稳定情绪，集中注意力，思想始终处于积极活跃的状态。

2. 注意力要高度集中稳定。在教师上课后，要立即专心致志、聚精会神地听课，做到目不斜视，耳不旁听，把与学习无关的思想统统排除在大脑之外。只有这样，才能做到听得最准确，看得最清楚，记得最牢固，思想最活跃。

3. 要勤思多问。听课的同时，要多动脑筋，学会思考，与教师进行思想对话，使自己的思路跟着老师讲课的思路走。在理解上下功夫，要注意把握知识的来龙去脉和“系统”线索，注意老师如何提出问题、分析问题和解决问题。要在思想上始终保持向老师提问的倾向，听课时，不放过任何一个疑点，听不懂或不十分明白的地方，课后要多想多问，问自己，问同学，向老师和教科书、参考书请教，一定要找到满意的答案，务求知其然，亦知其所以然，绝不为以后的学习留下“隐患”。

4. 学会记课堂笔记。听课要不要记笔记？还是记笔记好，记课堂笔记有助于理解所学内容，有助于复习记忆，也有助于注意力的集中稳定。关键是学会记课堂笔记。有的学生企图把老师的话全记下来，还追求笔记的完整，过多地考虑笔记的形式，这样会影响听课；有的学生课后不整理，不翻阅笔记，这就失去了记笔记的目的。须知，记课堂笔记不是目的，目的是帮助理解学习内容，有利于复习和记忆知识。课堂笔记要用自己的话，把老师讲的重点记下来，书本上有的少记或不记，书上没有的多记，如果老师的板书整齐，可以照板书的顺序记，板书零乱，要边记边理出头绪来，课后要及时参照教科书，整理笔记。整理笔记的过程，既是加深理解的过程，也是复习巩固的过程。如果还没有掌握记笔记的方法，听课和笔记发生矛盾，要把听好课放在首位，下课后再参照同学的笔记补回来。

5. 学会利用课间 10 分钟的休息时间。课间休息得好不好，与听课有直接关系，一些学生课间休息时，不是与同学争论老师刚刚讲过的内容，就是赶着做老师布置的课外作业，这样不利于听好课。学生在课堂上听课，是紧张艰苦的脑力劳动，一节课下来，大脑神经细胞消耗了大量的氧气和养料。如补偿不足，就会感到头昏、疲劳，使观察力、注意力、记忆力和思维力减退，课间休息时如能到室外活动一下身体，呼吸新鲜空气，则可以使头脑放松，恢复大脑神经细胞的生理功能，为下节课精力充沛、头脑清醒地学习作准备。

如何克服注意力分散的毛病

许多学习成绩不理想的同学，都存在一个共同的缺点，就是注意力涣散，上课时思想容易开小差，阅读时不专心，做习题时精力不集中，做什么都漫不经心，懒懒散散，粗心大意。这些同学只有克服掉注意力涣散的毛病才能把学习搞好。怎样做才能克服掉这种缺点呢？

首先，在上课或做作业时，你要不断对自己强调这两件事的重要性：

“这堂课的内容很重要啊！注意听！”又如“这本书很有意思呀！我要好好读。”“独立完成作业是件愉快的事呀！我要出色地完成它。”由此能产生学习兴趣，引发注意力。

第二，当你发现思想开小差时，立刻把它叫回来。

利用个人意志的力量也能控制自己的注意力。有意识地控制自己的注意力，不许注意力涣散，开始有点困难，一旦养成习惯，反而感到集中精力干事或学习是件很愉快的事，当你有这种体会时，就说明你的注意力水平提高了。

有位专家说：“专心本身并没有什么神奇，只是控制注意力而已。”

第三，培养注意重点的习惯。

不管是听课，或者是作业，还是做别的什么事情，都要动脑筋分析、综合和比较，通过思考区别出所学内容的重点和非重点，本质和现象。动脑筋思考，不仅能把注意力吸引过来，而且一旦区别重要的与一般的内容，便能使认识得到加深，还会产生愉快的体验，使注意力稳定得更久。

训练自己的注意力，一方面要将注意力稳定于注意对象不断发展整个过程，并要注意各种过程的系统性练习，同时还要在每一过程的练习中区别出主次、轻重、缓急。作为注意力的训练我们不仅要把语文课当做练习注意力的场合，把各门课程当做练习注意力的场合，还要把校外活动当做练习注意力的好场合。在每次活动或上课时，都动脑分析内容的主次，坚持下去就能增强你的注意力。

制订计划合理分配精力

聪明人做事情分三种情况：①非做不可，必须集中主要精力；②可做可不做，分配极少力量；③不应该做的，则不分配力量。中学生应该做好时间管理，分配好自己的精力，不要在无谓的事情上浪费精力。

老师和家长一再强调上课要听讲，从精力分配的角度讲，也是非常有道理的。有的学生觉得我上课不听讲也没关系，下课后我看一遍也能看懂，那样的话即便你能学会，浪费了时间和精力，是很不划算的事。

管理时间和精力分配的要点是计划。中学生应该去计划自己的学习和生活，做到自己对自己心中有谱。古人说："凡事预则立，不预则废。"因为有计划就不会打乱仗，就可以合理安排时间，恰当分配精力。

严格遵守学习计划有很多好处：①学习计划表可以帮助你克

服惰性和倦怠，尤其是当它配合一个自我奖励制度时会更加有效。②如果你能按部就班、循序渐进地完成你的学习任务，那么学习便不会给你带来太大的压力。③学习计划表可以确保你不会浪费时间，使你有时间做其他该做的事。④学习计划表可以使你了解自己的学习进度，让你清楚地知道哪些事等着做，又可以帮助自己对先前的学习做个评价。

计划的安排应合理、科学，尽量不要让你的时间浪费。当然，不浪费时间并不是把所有时间都用来学习，也不是说打球、洗衣服等都是浪费时间。如周六、周日的时间，如果你的学习黄金时间在上午，而你却在整个上午做一些洗衣服、打扫房间等杂事，而中午、下午才来做作业的话，这就不能不说是一种浪费了。很多事不能不做，但要放在合适的时候做，黄金时间都应用来学习。

学习计划内容一般分五个部分：

（1）全学期学习的总目的、要求和时间安排。

（2）分科学习的目的、要求和时间安排。

优秀中学生的学习经验表明，在制定分科学习计划时要注意：要特别重视语文和数学、英语三门学科的学习。学好这三门学科，特别是语文和数学，是学好其他各门学科的基础。学习要有重点，但不能偏废某些学科。

（3）系统自学的目的、要求和时间安排。

自学内容大致有三方面：①自学缺漏的知识，以便打好扎实的知识基础，使自己所掌握的知识能跟上和适应新教材的学习。②为了配合新教材的学习而系统自学有关的某种读物。③不受老师的教学进度的限制提前系统自学新教材。

(4) 参加课外活动和其他学习活动以及阅读课外书籍的目的、内容、要点和时间安排。

(5) 坚持身体锻炼的目的、要求和时间安排。

中学生应该围绕课堂学习来分配精力，包括课前自习、上课、课后复习、独立作业等几个阶段。

1. 课前自习

这是学生学好新课，取得高效率的学习成果的基础。如果不搞好课前自习，上新课时就会心中无数，不得要领。老师灌，自己吞，消极被动，食而不化。反之，如果做好了课前自习，不仅可以培养独立思考问题的能力，而且可以提高学习新课的兴趣，掌握学习的主动权。知道自己有哪些问题弄不懂，主要精力应集中在解决哪个或哪几个问题上。对新教材有个初步的了解，就可以集中精力应付新课的重点和自己弄不懂的难点，配合老师授课，及时消化新知识和掌握新技能。

基本要点：第一，根据老师的教学进度，教材本身的内在联系和难易程度，确定课前自学的内容和时间。第二，课前自习不要走过场，要讲究质量，不要有依赖老师的思想，要力争在老师讲课以前把教材弄懂。第三，反复阅读新教材，运用已知的知识和经验，以及有关的参考资料，进行积极的独立思考。第四，将新教材中自己弄不懂的问题和词语用笔记下来或在课本上做上记号，积极思考，为接受新知识作好思想上的准备。第五，不懂的问题，经过独立思考后，仍然得不到解决时，可以请教老师、家长、同学或其他人。第六，结合课前自习，做一些自选的练习题，或进行一些必要而又可能做到的某种实际操作、现场观察、调查研究等，以丰富感性知识，加深对新教材的理解。第七，新教材与学过的教材是连续的，新知识是建立在对旧知识的深透理解的基础上的，课前自习若发现与新课相关的旧知识掌握不牢时，一定要回过头去把有关的旧课弄懂。第八，做好自习笔记。

2. 专心上课

上课是学生理解和掌握基础知识和基本技能，并在此基础上发展认识能力的一个关键环节。按上面要求做好课前自习，学生就能更专注地上课。“学然后知不足”，往往这时学生的注意力高度集中，大脑处于优势兴奋状态，能更为主动和灵活地接受老师授课。

基本要点：第一，带着新课要解决的主要问题和在课前自习中弄不懂的问题与词语，有目的地认真听讲和做实验。始终保持高度集中的注意力，认真观察，积极思维，力争把当节课的学习内容当场消化。第二，将自己通过课前自习而获得的对新教材的理解与老师的讲解加以比较，加深对新教材的理解和记忆，纠正原先自己理解上的错误。第三，认真做好课堂笔记。第四，在上课过程中要积极提问，并将课堂上没有机会得到解决的问题，用笔记下来，以便课后解决。

3. 课后复习

及时复习能加深和巩固对新学知识的理解和记忆，系统地掌握新知识以达到灵活运用的目的。所以，科学的、高效率的学习，必须把握“及时复习”这一环。复习时间的长短，可根据教材难易和自己理解的程度而定。

基本要点：第一，反复阅读教材，反复独立思考，多方查阅参考资料和请教老师与同学，使通过课堂教学仍然弄不懂的问题尽可能得到解决，达到完全理解新教材的目的，以便用所学的新知识准确地独立完成作业。第二，抓住新教材的中心问题，对照课本和听讲笔记，将所学的新知识与有关旧知识联系起来，进行分析比较，进一步弄懂新课中的每一个基本概念，使知识条理化、系统化，加深巩固对新教材的理解。第三，在复习过程中，对一些重要而又需要记住的基本概念和基础知识，应尽可能通过理解加以记忆。第四，一边复习，一边将自己的复习成果写在复习笔记本上，勤动脑与勤动手相结合。

4. 独立完成作业

独立完成作业是学生经过自己头脑的独立思考，自觉灵活地分析问题和解决问题，进一步加深和巩固对新知识的理解和对新技能的掌握过程。如果按要求抓好几个环节，独立完成作业是不困难的。

基本要点：第一，解答每一个问题和做每一个实验，都应该是学生运用自己所学的知识认真地进行独立思考和独立操作的结果。第二，克服做作业的盲目性。做练习的目的是为了加深对新知识的理解和运用新知识解决实际问题的方法，提高分析问题和解决问题的能力。第三，在时间允许的情况下，学生可根据自己的实际知识水平，适当地选做一些难度较大的、有代表性的综合性练习题，发展思维能力，培养灵活运用知识解决较复杂问题的技能。第四，对于难题，要反复阅读教材和听讲笔记，认真钻研参考资料，加深难题的理解，促成问题的解决。经过独立思考后，问题仍然不能解决，可请教老师和同学，与老师和同学开展问题讨论，是打开思路、解决问题的一种好方法。

每一分钟对中学生都是很珍贵的，要围绕以上几个方面来安排时间分配精力，要在最大限度内有效学习，充分利用课本，把知识整理归纳，融会贯通。从整体上把握，不要盲目搞题海战术，让身体过于疲倦，影响第二天的听课质量。学生在感到疲惫时要及时休息，别勉强自己，多进行体育运动但不宜太剧烈，利用听音乐等方式放松心情，尽量让身体保持在最佳状态后再开始学习。

集中注意力的几个方法

制订学习计划会形成一定的学习压力，产生学习的紧迫感，使中学生相对地更好地集中注意力，也有利于维持注意力的稳定性。除此之外，中学生还可以利用一些方法来保持注意力：

一、固定学习时间

在平时的学习生活中，要尽量把自己的学习时间安排在某一特定的时刻。一旦养成这样的习惯，到了那个时间，坐下来就很容易让自己进入学习状态。同时，学习场所要相对固定，不能到处“打游击”。如果每天换一个场所学习，接触相对陌生的环境，学习的注意力就会有所转移。而在固定的场所学习，就比较容易静心学习，坐在自己的书桌旁，就很容易和学习的意识联系在一起。

二、适时收心

学期开学的时候，同学们受假期各种活动的影响，往往不能很好地进入学习状态。但是学期的课程已经开始，如果不跟上去就会对以后的学习带来不好的影响。因此在学期开始，我们就要自觉收心，不再回味假期中有趣的事情。另外，上课铃声一响，我们就要停止课间活动，也不要再去想上一节课自己没有解决的问题，集中精力听好这节课的内容。

三、学习场所要单纯

单纯的学习环境，就是在学习时，把无关的图书杂志放在视线之外，各类学习用书、文具放在固定的地方，让自己可以随手拿到，以免因为寻找而中断学习。这就好像烧锅炉，冷却之后再加热就很费时。另外，学习环境也很重要，应尽可能满足如下条件：通风、空气清新、光线充足、安静舒适，没有使你分心的干扰源。学习时不宜谈话，有的同学认为边听音乐边学习的效果好，实际上这种做法对学习总有一些妨碍。

四、多种感官参与

多种感官参与学习，有助于维持注意力的稳定性。没有这种习惯的同学，学习的时候就要提醒自己手脑并用。如在听课时，要求自己边听、边想、边记，这样上课就不容易走神。

五、意志坚强

在学习过程中，内外部的干扰是随时可能发生的，有时是不可避免的。这时，我们就要用坚强的意志来抵抗注意力的分散。当集中注意力出现困难时，要不失时机地告诉自己，一定要坚持，坚持到底就是胜利。这样，日复一日，在反复的考验中，养成良好的学习习惯，注意力自然会高度集中。

六、善用“工具”

有一种工具叫做“视力引导工具”，从字面上看，我们就知道这不同于日常生活中的工具用品。确实，这种“视力引导工具”是用来帮助我们集中注意力。很多人在念书读报的时候，常常把手指在字里行间移动；还有人在看书的时候习惯拿一支笔，随手在书上画线。在这些过程中，手指、笔画就是我们说的“视力引导工具”，它们能让我们随时知道自己读到什么地方，同时还能改变视线移动的情况，使注意力更加集中。

七、适当休息

在经过较长一段时间的学习后，要注意适当休息，放松休息一下再继续学习。这样，有利于集中注意力。因为人一旦疲倦，就难以集中自己的注意力。但这种学习中间的休息，最好是在一定的学习内容告一段落后进行，并做好记号，以便自己记忆学习内容的连接所在。

八、运用“起伏”规律

人在长时间注意某一事物时，往往很难保持良好的注意力状态。我们的注意力有时较强，有时较弱，这就是注意力的“起伏”现象。注意力的起伏现象当然不利于学习，但是我们可以加以利用，合理地分配注意力。在课堂上，当老师讲解重难点的时候，我们就要集中注意力去听讲；当讲解一些比较简单，自己比较清楚的知识的时候，就可以适当放松。这样，听课就不会出现盲目现象，既提高效率，又不会让自己太疲劳。

在阅读中培养注意力

读书的目的就是理解书的精神实质，记住书的主要内容。要做到这些，就必须集中注意力，特别是在深入思考书中所讲内容的深刻含义时，必须聚精会神，高度集中注意力。所以说在阅读过程中集中注意力是理解和记忆的前提条件。那种随意乱翻，心不在焉的读书是没有什么收获的。中学生应该注意在阅读中，特别是课外阅读时注意培养自己的注意力。

阅读时，要想获得好的学习效果，就必须集中注意力，而且把读书与训练注意力结合起来。许多著名的学者都很注意这方面的自我训练。如有的人在读书时，就经常在一些重要内容旁边写上注意、特别注意等，也有的用划符号以引起注意。

梁启超是我国近代一位大学问家。他曾经告诫他的学生，如果想要学会读书，就要读书读到能将书平面的字句浮凸出来为止。“书上的字句怎么会浮起来呢?”他的一个学生听了很纳闷。许多年过去了，这位学生在读了许多书之后认识到，所谓使平面的字句浮凸出来，指的是在读书过程中要对阅读材料选择性地给予不同程度的注意。那些不重要的字句浏览一下就过去了，而对那些重要的、关键的字句，则要给予充分重视，甚至做到在读某一篇文章时，能一下子注意那些最重要最关键的字句，好像这些字句是有别于其他字句，浮凸在书面上似的。

梁启超的读书法很有效，因为它能提纲挈领地马上使人掌握某一篇文章的重点和关键。掌握这个读书法的一个技巧，就是训练对那些关键词句的集中注意力。事先确定一个阅读范围，阅读时，只对最重要和最关键的部分给予最集中的注意。日子久，每读一遍文章时，你就会发现书上总有某一个重要的注意点毫不吃力地浮凸出来了。

在阅读时如何集中注意力，每个人都可能有自己的一套办法。根特先生是德国著名的哲学家，在读书时经常使用一种“精神集中法”。其做法是，当他读书前，或者在书房里深思冥想时，他常常透过窗户，凝视着远方屋顶上的一个随风摆动的风向标，他一边眼盯着风向的转动，一边下意识地沉浸于思考之中。这种方法大大帮助了他，他的许多理论就是这样思考出来的。这种方法好像没有什么奇特，许多读书人也有这方面的经验，当两眼凝视着某一点时，一边对着视点出神，一边思考着所要解决的问题，或者思考已读过的内容，好像无形之中，注意力就集中在一起，促进了思考的深度。

有一位科学家说：他读书之前，或在思考问题时，喜欢双眼盯着窗外的松树枝，目不转睛地望着，很快地就集中起精神来，这种方法对他的读书或思考问题很有帮助。你也不妨试试，当你一坐在书桌前，就习惯地把面前某一件东西作为注意的靶子。例如：屋外的天线、树枝、电线杆，或书桌上的台灯开关、铅笔、台笔、自己的手指等。然后用双眼凝视着它，并经常做这种练习，看看是否有作用。

了解各种阅读的方法，培养阅读能力和注意力。阅读的方法主要有：

（1）朗读。现在的中学《课程标准》特别强调加强朗读，而且贯穿于各学段的目标之中，即要求用普通话正确、流利、有感情地朗读。朗读是一种需要调动全身多种器官参与的活动，对集中注意力有很大帮助。

（2）默读。默读是大脑对文字的反映，只运用眼睛和大脑两个器官，从而理解文字的意义，整个活动在人脑内部默默进行，省去了口的发声和耳朵的监听，因而速度就快得多。默读时也忌唇读，因为唇读虽然不发出声音，但同样也会影响阅读速度，默读时，可以边读边思考。

（3）精读。所谓精读法，就是对书报上的某些重点文章，集中精力，逐字逐句由表及里精思熟读的阅读方法。元代著名理学教育家程端礼说：“每句先逐字训之，然后通解一句之意，又通解一章之意，相接连作去，明理演文，一举两得。”这是传统的三步精读法。精读也要求学生全身心投入，调动多种感官，做到口到、眼到、心到、手到，边读、边想、边批注，逐渐养成专注读书的好习惯。

（4）略读。不要求对读物逐句逐词地进行阅读，而是着眼于关键段和重点句，以求迅速地掌握读物的思想脉络、观点见解。往往采取跳读的方式，由段首扫视段尾，以求迅速把握段落的中心句，进而把握全文主旨。这种阅读的目的，是为通览全篇，取其精华。

对于略读这种阅读方式，陶渊明在《五柳先生传》中曾有论述："好读书，不求甚解。每有会意，便欣然忘食。"正确掌握略读的方法，可以极大地提高猎取知识的效率，是学习和研究中不可缺少的读书方法。不过，略读并不是草草阅览，也需要集中注意力，不然起不了作用。

（5）速读。速读法就是对所读的书报，不发音、不辨读、不转移视线，而是快速地观其概貌。这就要求学生在快速的浏览中，要高度集中注意力，作出快速的信息处理和消化。我国古代有"好古敏求"，"读书十行俱下"之说，可见早就提倡速读能力。利用速读法，可以做到用最少的时间获取最多的信息。当今科学突飞猛进，生活日新月异，人们的生活节奏也随之加快，这必然要求我们的工作讲质量讲时效。如果我们的学生只会字斟句酌地读书，很难适应飞速发展的社会需求。

（6）摘记、旁注。对好词好句可摘记在卡片上，过一个阶段再作归类整理。

如果是自己买的书，可把自己的读书心得注在书上。可以就词句、段作批注，也可以在文末就全书的心得作注。

下面再介绍一种阅读时训练专注力的方法：

先读一个短篇故事，再对其进行缩写。你可以阅读报纸上的一篇文章，然后用尽可能简略的文字去阐释文中的含义，有点像语文课上总结中心思想，但你要把它写出来。在阅读文章的过程中取其精要，这需要高度的专注。如果你提炼不出文章的精华，则表明你的专注力很弱或有待提高。如果你不愿动笔写，不妨在阅读完后走进自己的房间，对着眼前虚拟的观众，就读过的文章发表一番演讲。在进行这种练习的过程中，你会发现它们对于培养专注力和学习思考有很好的作用。

进行了若干次练习后，你可以找一本书读20分钟，然后将你读到的内容写下来。一开始你有可能记不住太多细节，但是稍加训练后，你就能够把所读的内容记个八九不离十，而且你的专注程度越高，对文章的记忆就越精确。

改善睡眠提高注意力

目前中学生睡眠不足已经成了普遍现象。一份调查资料显示，89%的同学没有足够的睡眠时间，其中71.9%的同学睡眠时间远远低于青少年合理的睡眠时间8小时，至于87%的同学对现在的睡眠不满意。而且男生比女生更容易睡眠不足，可能和不合理安排时间有关。这些状况使中学生们在课堂上无法集中注意力，精神不振，给他们的生活带来了极大的影响。

中学生的睡眠严重不足，尤其是重点中学的学生睡眠长期严重不足。另外，年级越高睡眠越不足，毕业班学生睡眠明显偏少。高中学生的睡觉时间与初中学生相比也有很大差别，由此导致的结果也是显而易见，他们更容易发生精神焦虑、紧张，甚至是脾气暴躁，注意力不集中等现象。

2004 年 9 月，一位教授将 1100 份关于中学生睡眠问题的调查问卷，发放给刚到一所大学报到的大一新生，要求填明起床时间、学校要求的到校时间、睡觉时间。结果显示，在被调查者的母校中，有 20 所重点中学要求的到校时间在早晨 6 时左右。其中有三所中学均在 5 时 10 分左右；20 所中学中，有 11 所中学的学生睡觉时间在晚上 10 时 30 分以后。

睡眠不足对于中学生意味着什么？人体的生长激素主要是在夜间睡眠中分泌，尤其是在非快动眼深睡眠期中分泌，而非快动眼深睡眠期大多在前半夜。如果这个时候孩子的睡眠被剥夺了，就会影响人体生长激素的分泌，从而使生长发育迟缓。另外，人体合成身体中所需的各种营养素，也只有在睡眠和休息的时候才能够很好地完成。只有睡眠好，孩子才能长高长壮。后半夜的睡眠大多是快动眼睡眠期，这个时候是人的记忆巩固期，大脑将白天的学习碎片进行整理、记忆强化。如果这个时候的睡眠被剥夺，就会影响到人的记忆功能。

中学生课业负担过重，长期睡眠不足，就会导致上课期间容易打瞌睡。从认知功能来讲，缺少睡眠会导致记忆力下降、注意力不集中，从而影响学生的学习效率。在行为方面，长期睡眠不足会使青少年变得烦躁、情绪不稳定，从而对青少年的心理健康带来不良影响。而且美国科学家所做的一项研究表明，睡眠不足不仅会影响孩子的自信心，而且还会使孩子出现忧郁情绪。由此可见，睡眠不足是多么可怕。

对于改善中学生的睡眠状况，有如下建议：

改善外界环境以达到改善睡眠的目的

要睡得舒适安稳，原则上要具备五个条件：一是光线，就寝时最好看不到任何光线，应选择柔和或暗色窗帘；二是温度，室内温度保持在22℃最理想，冬天以19℃为适宜；三是空气，室内空气应保持清新；四是饮食，睡前不要吃过多的食物；五是环境，卧室内应保持安静。尊重科学的教育规律，注意生活规律。

老师与家长也有一定责任。第一，应控制学生作业量，保证学生在晚上10：30前完成作业。第二，平时教育学生关于睡眠不足或睡眠质量不高的危害及科学学习方法。第三，能给予学生更多自我支配的时间。第四，学生宿舍加强管理，保证学生不在宿舍开夜车、聊天。第五，睡觉时，少与同舍学生讲话聊天，以致难以入睡。第六，为了更好促进睡眠，也可以在睡前喝适量牛奶，睡前听点舒畅悠扬的音乐，最好是无唱词的，如古典音乐等。

改善自我以达到改善睡眠质量

1. 积极自我暗示法

用“我能行，我很棒”等语言激励自己。

注意事项：全身放松，深呼吸、自我暗示要认真、专注、可以自己做，也可以和别人一起做、坚持使用。

2. 放松法

可有效地缓解焦虑，紧张和疲惫、包括深呼吸和全身放松等多种方式、深呼吸更适用于考场，而全身放松更适合日常学习。

注意事项：选择一个安静的地方进行放松、运用深呼吸放松时可以加入想象成分并坚持使用。

3. 成功经历想象法

回忆曾经有过的考试成功经验：

（1）详细回忆考试成功的过程，包括当时是怎么轻松地复习，怎样应对压力，怎么从容走进考场，怎样镇静地回答考题，在面对难题时怎么应对，交卷时的心情以及知道成绩后的喜悦，快乐的情绪等。

（2）想象这次考试也会像那次考试一样。

使用注意事项：想象越具体越好、经常进行成功经历想象

4. 转变消极想法

同样的事情对不同的人有不同的影响，是因为大家想法不同所致。转变消极想法的方法：

例：考试又没考好。

想法一：我真是没用，我再努力也没用。

结果一：沮丧，厌恶。

想法二：失败是成功之母，我要吸取教训，我相信自己一定能考好。

结果二：继续努力学习。

5. 列表法

(1) 列出消极想法，再把相对应的积极想法写在旁边。

(2) 合理想法清单。

(3) 早上起床或晚上睡觉前，把合理清单大声念出来。

另外，学生可在入睡之前进行一些较为轻松的体育运动，以产生疲劳感，入睡更快。同时也要注意到不要做剧烈运动，不能在烟尘、粉尘聚集地和空气质量不好的地区进行运动，否则会适得其反。

别让手机分散注意力

目前中学生使用手机现象越来越普遍，很多家长头疼的问题也就随之出现。孩子迷上了手机游戏，用手机谈恋爱，同学之间煲电话粥，用手机登录不健康网站，等等，不但影响了孩子的学习成绩，身心健康也受到了影响。这给学校教育带来了“烦恼”，一些孩子上课时间玩手机、发短信，造成注意力不集中，影响了课堂纪律。有些学校干脆禁止学生带手机，以绝后患。

如何看待这一现象呢？跟任何一项人类文明成果出现一样，中学生持手机也是一把双刃剑，使用手机固然给中学生带来了方便，也带来了一些弊端。中学生使用手机的“利”与“弊”不是绝对的，对有自觉性、有自制力的学生当然就是“利”大于“弊”；但对自觉性、自制力差的学生则是“弊”大于“利”。

围绕中学校园手机所引发的争论，已经不仅仅停留在手机本身，其背后，还涉及教育观念、教育手段如何适应时代发展的问题。因为现代学校早已不是封闭孤立的，而是信息开放时代下的一个社会组成部分。

中学生使用手机的利弊之争在世界各国普遍存在。根据法国的一项调查，近半数法国中小学学生在校时使用手机，其中大多数曾在听课时接电话。20%的学生说，手机曾遭校方没收；70%的学生用手机偷拍老师。法国学校未正式禁止学生使用手机，校方缺少没收学生手机的法律依据。

韩国首尔市议会于2009年下半年计划制定法案，规定全市中小学生在校一律不准使用手机。韩国教育部指出，首尔市构想中的这项法案，不准小学生携带手机到校，准许初中生与高中生携带手机，但到校后须将手机交给学校集中保管，放学后还给学生。

日本文部科学省在2009年1月致函全国各中小学，要求禁止学生携带手机上学，并要求高中制定“禁止学生在校内使用手机”等规定。一些私立学校为谋求解决之道，将依照统一穿制服、戴制帽之制度，统一由学校购置学生的手机。学生可以携带这种由学校统一购置的手机到校，上课时统一关机。学生之间或师生之间通话免费，设定无法接收色情信息，可预防犯罪或其他事端的发生。这种手机也可以通过GPS掌握学生发生紧急情况时的位置。

在我国，中小学生使用手机的争议已引起教育部门的重视。我们应该意识到，在信息化时代，中小学生使用手机是社会发展的必然，在学生已经大量使用手机的今天，要想完全阻止高科技给学生生活带来的改变是不可能的。针对中小学生使用手机的弊端，需要学校、家长、社会共同教育，引导学生理性对待手机，合理文明地使用手机，这样做的效果可能会比简单的一禁了之来得好。

由于学生使用手机最大的弊端在于课堂上分散注意力，扰乱课堂秩序。学校不妨规定在上课时关闭手机，课堂上严禁使用手机，不让手机成为学生注意力的“干扰源”。

第九章　教学方法与学生专注力

组织教学的艺术

组织教学是课堂教学的重要组成部分，是集中和保持学生注意力的一种手段，是一堂课顺利进行的可靠保证。组织教学不但在上课一开始时进行，而且应贯穿在一堂课的全过程。教师能否把准备好的教材内容，有成效地传授给学生，组织好课堂秩序，是一个重要的问题。组织教学工作，应注意以下三点：

一、组织课堂秩序，集中学生的注意力

在较乱的班级，教师如果不组织课堂秩序，就难按计划完成教学任务。即使在秩序较好的班级，开始也要组织课堂秩序。如何组织课堂秩序，常因教师而异，有的教师面对混乱的课堂和颜悦色，只用和蔼的目光、亲切的手势，学生就顿时安静。这说明，组织课堂，要讲究艺术性。

二、善于利用反馈信息，组织教学进程

在讲课过程中，要根据教学的内容和方法，组织好教学进程。如果在讲课过程中发现大多数学生表情都不对，如：皱眉、瞪眼、精神委靡，等等，说明他们没有很好地接受教师所讲的知识。教师就不能再讲下去了，应该问学生什么地方听不懂，必须进行重讲或辅导性讲解。

三、掌握教学机智，处理偶发事件

教师教学过程，随时都可能遇到事先难以预料的事件，需要教师采取恰当的方法解决。比如：教师正在上课，突然有人敲门找人，就会分散学生的注意力。这时教师不要忙于讲课，而要稳定大家的情绪，等学生安静下来后，向学生提出问题："刚才我讲到什么地方了，请同学们回答。"这样，全班学生就会很快集中到上课方面来。教师在课堂上遇到与教学内容无关的事情，必须学会巧妙地运用教学机智，解决一些具体问题，确保教学活动正常进行。

四、课堂板书的艺术

板书是教师增强上课效果的有力手段，是教师必备的一项基本功。教师板书的好坏，直接影响着教学效果。精心设计的板书，能把所要讲的主要内容形象地展现在学生的眼前，使学生细致观察，充分认知，领会要点，加深理解和记忆。同时还能引起美感，潜移默化地陶冶学生的情操。

教师一节课要讲的内容很多，不能把所讲的东西都写在黑板上，所以好的板书要具有中心突出、立意鲜明、条理清晰等特点。优秀教师上课，都精心设计板书。板书不好或不写板书，都会影响到教学效果。

板书的格式多种多样，应用最多的是提要式、词语式、图示式、表格式等。不论采取哪一种形式都必须做到：

1. 内容要确切，外形要规范。

板书的内容，要重点突出、详略有别，确切，层次分明。板书的外形，要讲究规范，大小适当，工整醒目，严防模糊潦草，杂乱无章。

2. 要合理布局，新颖别致。

板书的布局，要讲究格式，选择位置，合理而清楚地分布在黑板上，使学生易于观察和理解。设计板书，不要老是一个模式，要注意新颖别致，用以集中学生的注意，引起学生兴趣，激发学习的积极性，以获得最佳的教学效果。

3. 讲解要与板书、板图相结合。

在课堂教学中，教师既要精讲重点，又要展示变化多样的板书与板图，图文并茂，二者有机结合，更能加深学生对所学知识的理解，提高教学效率。这样，学生一看就一目了然。

激发学生热情的技巧

随着我国新一轮课堂教学改革的全面深入，课堂教学应该追求提高教学的有效性，进行有效教学和有意义的教学。

如今的学生对娱乐消息、体坛消息等课外的东西往往了如指掌，说来头头是道，即使一目十行也是过目不忘，原因何在？这恐怕就是兴趣使然。他们是在极轻松，即毫无学习、背诵等压力的情况下掌握一切的。相比较而言，在教学中，老师要想让学生记住几首诗或者几种病句的病因却显得那么难，“一模一样讲三遍”还是丝毫不见效，最后害得老师不得不拿出“杀手锏”：“抄，你给我抄几遍几十遍。”可即使如此，没多少时间学生又忘光了。为什么会出现这种情况呢？子曰：“知之者不如好之者，好之者不如乐之者。”孔子这句话为我们揭示了一个怎样才能取得好的学习效果的秘密，那就是对学习的热爱。不同的人在同样的学习环境下学习效果不一样，自身的素质固然是一个方面，更重要的还在于学习者对学习内容的态度或感觉。所以，我们的课堂不仅仅是照本宣科完成知识的传授，更要艺术化些，把教学内容设计得让学生乐于接受，想办法把学生的热情调动起来，以此保证学生学习的兴趣和专注。

为此，教师可以采取一些积极措施让自己的课堂更具吸引力，更富艺术感染力。

下面是一位中学语文教师采取的措施，颇具参考价值：

一、把“悬念”带入课堂，激起学生探究的热情

叶圣陶老先生曾经讲过：教学“尤宜致力于导”，这个“导”字，就含有引起学生兴趣、激发学生求知欲望的含义。一堂课之始如能立马把“悬念”带入课堂，可以吊起学生探究的胃口，激起学生浓厚的学习兴趣和强烈的探究心理，投入新课的学习，从而提高课堂教学效率。

一次文学选修课上的是《愚溪诗序》，课前，班上的几个女生还在叽里呱啦地大声嚷嚷，断断续续地我听明白了她们的话题就是说某某老师不公平、不爱生。我默默地看着她们，心想，上课铃一响，你们总该安静了吧。可事实上，她们却越讲越来劲。情急之下，我转身在黑板上写下了两个字：郁闷。谁知笔未停，底下学生已哄堂大笑，并大叫：“老师，你也很郁闷呀？”我一愣，赶紧又写下了四个字：愤激不平。此时轮到学生愣住了，我转向学生，说：“你们郁闷，愤激不平了，只会用嘴巴叽里呱啦的来表示，这是一种发泄途径，但它有用吗？”我话未说完，她们竟鼓起了掌。随即刚才那个最会叫的女生“噌”的一下站起来说：“老师，我们就喜欢你这样的，对我们有意见直说，不在背后搞鬼。”其他学生齐声附和道：“对，对。”见她们的注意力已完全被板书所吸引，我赶紧因势利导：“老师并没有批评你们的意思，老师只想导入新课，你们这是一种途径。但同样心中有郁闷、愤激不平，我国唐代的一位文学大师则采取了一种更有效的办法。想知道他是谁吗，想知道他是用什么方法来排解的吗？”“想。”底下的学生异口同声地回答，结果这堂课上得很流畅，学

生注意力非常集中。

课后，我反思，只有巧妙地在上课开始设下“悬念”，才能快速吸引学生眼球，消除学生心理杂念的干扰，把学生的注意力迅速集中起来。

二、把“情绪”带入课堂，带动学生听课热情

刘勰在《文心雕龙》中这样写道：“夫缀文者情动而辞发，观文者披文以入情。”的确，从古到今，名篇佳作之所以传诵千古流芳百世，是因为诗人作家的笔墨，包含着自己的思想感情，有的甚至凝聚着心血和生命。面对这样的佳作，我们怎能无动于衷地走进课堂开始讲课呢？学生是课堂的主人，在课堂中起主导作用。只有教师把激情传递给他们，这样才能更好地激发他们的学习兴趣，诱发他们的积极思维和求知欲望。在教鲁迅先生《记念刘和珍君》一课时，我问学生：“刘和珍是怎样的一个女子？”一学生答：“她比较穷吧，因为她都买不起书。”话未完，班级里的学生已笑得东倒西歪，或许，他们也在笑这位同学的回答很特别。但是，我们后来者怎能无知到不但没有对这样一位“为了中国而死的中国青年”产生敬意反而还表现得这么幼稚呢？我没有多说什么，而是用很悲痛的语气问学生：“知道刘和珍死时多大吗？知道她是为什么而死的吗？知道鲁迅先生为什么会称其为‘君’吗？”学生先是一愣，继而全明白了。这一堂课下来，尽管大家都再也高兴不起来，可是学生的思维却始终处于很活跃的状态。

学生的情绪状态也是考查学生优质学习的第一个参数。所以，作为授课者，我们必须将作者写作时的情感及自己对人物的

情感传递给学生，进而感染他们，使他们真正地投入书本的阅读中。对不同的作品，教师如能准确把握并表达其情感的话，学生的听课热情才会被最大限度地调动起来，否则，不管老师事先备课如何地细致认真，课堂上不把自己的“情绪”带进来，学生学习的专注性和有效性也是难以保证的。

三、把“意外”带入课堂，激发学生的参与热情

预设和生成是矛盾统一体，课堂教学既需要预设，也需要生成，预设与生成是课堂教学的两翼，缺一不可。没有预设的课堂是不负责任的课堂，而没有生成的课堂是不精彩的课堂。因此，当前不少老师备课时总要备到万无一失，才走入课堂授课。且不管课堂上出现什么样的问题，老师都应付自如，一节课尽在老师把握之中。假如意外遭遇某位学生提出了令自己措手不及的问题，老师则避而不谈，或干脆装作没听见。这样的课表面上看固然很流畅，但正因为老师过于自如，反而也会使课显得平淡无味。其实，老师如能有意识地允许课堂上出一些“意外”，反而更能激发学生的参与热情。

在开“品质”市直公开课时，当绝大部分同学都如我事先预设的那样评价文中主人公是一个“具有很好品质”的人时，这堂课还显得非常平常，但突然间，有一位男生出其不意地说自己有相反的意见，认为这个人很笨，以致最终饿死。我一愣，显然，这就是课堂上的“意外”。“怎么办，是让这个问题过还是给这位学生发表自己意见的机会？”不料，就在我尚没完全反应过来时，其余的学生已坐不住了，他们急于参与解决这个“意外”。

于是，我灵机一动，示意学生踊跃发言，结果这个环节成了整堂课的亮点，获得了市教研员的高度评价。事实上，有时我们越是期待课上得顺，课就越会平淡无奇；反之，不拒绝“意外”，让“意外”出现在课堂上，课反倒会非常出彩。所以，这样的“意外”我们不能不要。

四、把“讨论”带入课堂，提高学生的发言热情

在新课程实施中，有些教师无论讲什么内容，都要采用小组合作学习的方式让学生进行分组讨论。有些教师甚至把“自主、合作、探究”作为一种固定的教学程序，有些明显无需探究的问题也每节课照着去做。从表面看，课堂气氛异常活跃，但是，从实际效果看，动辄讨论反而会使学习浅层化、庸俗化和形式化。所以，此小标题所言之“讨论”绝非乱讨论，而是“真讨论”，是对真正需要讨论的问题进行讨论，即对学生中存在的相异构想数多的进行讨论，进而提高学生在课堂上的发言热情。

在上高尔基小说《丹柯》时，冷不丁有学生在下面插话：“怎么可能呀，一个人的心怎么能掏出来，还举在头顶上燃烧呢?”再一细看，旁边还有几个学生在点头附和。见此，我干脆让学生把自己在以往阅读中碰到的很困惑的地方全都说出来，并希望借此引发学生进行思想交锋，借助讨论对话使学生对“相异构想”进行修正，或者拓展、完善。这一下，学生话闸子打开了，纷纷发表意见说作者可能是乱写的，当然还有同学提及《变形记》里人怎么会变成甲虫的，大概也是乱写的，但马上就有学生反驳说这样的写法有很多，比如《聊斋志异》、《孔雀东南飞》

等都是这样写的。最后，学生在一番激烈的对话讨论中，终于明白了什么叫“浪漫主义”手法，也最终弄懂了它的妙处所在。

五、把“深度”带入课堂，调动学生的思维热情

有人批评我们的课堂有“温度”无“深度”，也是这个道理。课堂上学生“小脸通红，小眼发光，小手直举，小嘴常开”。虽然让人感受到热闹、喧哗，但极少让人怦然心动，究其原因，就是课堂缺少思维的力度和触及心灵深处的精神愉悦。

其实，课堂的活跃不只表现在外在的形式上，更表现在课堂的内涵上。一节课里或许没有学生叽叽喳喳的讨论声，但只要他们的发言是有质量的，即都是自己深入文本之后研讨的结果都是自己思索的结果，只要他们的思维是活跃的，这堂课就是活跃的。有一次在《哈姆雷特之死》的课外阅读课上，由于课堂上内容密度大、容量高，以致随机调节的余地不大，我原本担心这样会被评为沉闷的课。但事实上听课老师在评课时，几乎同时肯定了学生的思维始终处在积极活跃状态这一点，因为这堂课上老师本身关注生命的强烈意识点燃了学生的思维热情。哈姆雷特对复仇的延宕，其实体现了他对生命的思考和关怀。哈姆雷特是为了美好的东西而献身的……这些精彩的解读无疑都能引学生进行更高层面的思考。

课堂纪律管理策略

学校需要有一定的纪律，学生也需要有一定的纪律约束。但过分强调纪律，也会扼杀学生生动的个性和活泼的天性，约束学生的思维空间和想象力。我们应该意识到，并不是有了安静的课堂，就意味着有了一堂好课，当然，一堂课闹哄哄、小动作不断的课堂，肯定不是一堂好课。

让学生保持注意力集中，需要课堂纪律，但过于僵硬的课堂纪律，并不能保障学生集中注意力。根据学生行为表现的倾向，可以将课堂问题行为分为两类：一类是外向性问题行为；一类是内向性问题行为。

外向性问题行为主要包括相互争吵、挑衅推撞等攻击性行为；交头接耳、高声喧哗等扰乱秩序的行为；作滑稽表演、口出怪调等故意惹人注意的行为；以及故意顶撞班干部或教师、破坏课堂规则的盲目反抗权威的行为，等等。外向性问题行为容易被察觉，它会直接干扰课堂纪律，影响正常教学活动的进行，教师对这类行为应果断、迅速地加以制止，以防在课堂中蔓延。

内向性问题行为主要表现为在课堂上心不在焉、胡思乱想、做白日梦、发呆等注意涣散行为；害怕提问、抑郁孤僻、不与同学交往等退缩行为；胡涂乱写、抄袭作业等不负责任的行为；迟到、早退、逃学等抗拒行为。内向性问题行为大多不会对课堂秩序构成直接威胁，因而不易被教师察觉。但这类问题行为对教学效果有很大影响，对学生个人的成长危害也很大。因此，教师在课堂管理中不能只根据行为的外部表现判断问题行为，不能只控制外向性问题行为，对内向性问题行为也要认真防范，及时矫正。

教师要维持一个良好的课堂纪律，需要花很大工夫，采取如下一些策略也许会取得好的效果。

一、聚焦

在你开始上课之前，一定把教室里所有人的注意力都集中在你的身上，如果有人在私下聊天，你不要讲课。

没有经验的老师或许会认为，只要开始上课了，学生自然就会安静下来，以为学生会看到课堂已经开始，该进入学习状态了。但学生并不一定总会这么想，他们会认为你能接受他们的行为，就会不在意你讲课时有人说话。

聚焦这个技能意味着，你应该在开始上课之前要求学生集中注意力，即只要还有人没安静下来，你就一直等下去。有经验的教师的做法是，在所有学生都完全安静下来之后，再停顿三五秒钟，然后才开始用低于平时的音调讲课。

讲课语气温和的教师，通常比嗓门大的教师课堂更加安静。学生为了听到他的声音会保持安静。

二、给学生交底

如果学生对这节课的安排心中无数，这就会增加他们在课堂上的不安定感。因此，教师应该在每节课的一开始就明确地告诉学生这节课要做什么，以及每个环节大约需要多少分钟。

为了使学生积极配合老师完成教学任务，老师可以让学生的心中有一个“盼头”，告诉他们在这节课的结尾阶段他们可以做的事情。比如，在向他们说明了本节课的教学安排后，可以说：“如果进行顺利，我可以让你们在这个小时的最后阶段跟朋友聊天，或到图书馆去，也可以赶做其他科的作业。”这样的安排也会让那些喜欢上课讲话的学生有所收敛。

如果教师知道他完成教学目标有富裕的时间，他也就更愿意在上课之初等待大家都集中注意力。学生们会很快意识到，教师等待他们的时间越长，他们在课堂结束前的自由时间就越少。

三、课堂实时监控

课堂实施这一条的关键是老师在教室里四处走动。当学生在做作业时，在教室里来回走动，检查他们做的情况。

有经验的教师会在学生开始做作业两分钟后对教室进行巡视，看是不是所有学生都开始做了，都在做该做的事情。延迟两分钟是很重要的，因为学生已经做出了一两道题，或写完了几个句子，这样你就可以检查是否正确。对于需要帮助的学生，教师应提供个性化的辅导。

那些还没怎么开始做的学生会因为老师走到跟前而加快速度，而开小差的学生也会被其他同学提醒。除非老师发现了共性的问题，老师不要打断全体学生，不要集体指导。

四、以身作则

老师在课堂上应该给学生做出榜样，做到彬彬有礼、行动果断、持重而不缺乏激情，有耐心、有条理。如果老师让学生“照我说的做，不要照我做的学”，只会让学生思想混乱，引发不良行为。

如果你希望学生在课堂上用温和的声音说话，那你在教室四处走动给学生提供帮助时，也应该用温和的声音说话。

五、非语言提示

过去，教室里有一个供老师使用的标准物件，那就是讲台上的摇铃。多年来，老师在使用非语言提示方面已有了很多创新。非语言提示包括面部表情、身体姿势以及手势等。在为自己选择课堂上使用的非语言提示时，要考虑到学生的年龄和自己的喜好。事先要跟学生讲好，你的这些提示是什么意思，需要学生怎么做。

六、环境控制

上课的教室可以是一个温暖、快乐的地方，学生喜欢在一个经常有所变化的环境里学习。在“学习园地”中挂上有趣的图片，会激发学生对相关学科的兴趣。

学生还喜欢对教师个人的方方面面有所了解，包括兴趣爱好。老师可以在教室里放一些个人的物品，比如跟自己的兴趣爱好相关的东西，如收藏物、全家照等，它们可以成为你跟学生谈话的引子。随着老师跟学生相互了解的加深，学生的纪律问题也就会越来越少了。

七、低调处理

很多严重的纪律问题，比如到最后把学生送进校长办公室，都是因小事引起，最后激化成了大冲突。往往是老师对学生进行点名批评，本来事情并不大，但是却和学生发生了语言上的冲突，然后不断升级，变成不可收拾。如果教师的干预尽量低调，尽量把问题解决在悄无声息中，就会使很多冲突得以避免。

有经验的教师会特别注意那些出现了行为问题的学生，如果让他们成为教室里的注意力焦点，反而会让他们获得成就感，进而得寸进尺。教师首先要密切监控学生的行为表现，来回在教室走动，对问题的发生要有一定的预见性。要以不太引起别人注意的方式处理学生的行为问题，避免其他学生受到干扰。

有经验的教师会在自己的讲课中把学生的名字带进去，被叫到名字的学生自然会得到提醒，而其他学生则可能不会觉察出什么问题。比如："大家把书翻到第 25 页，都翻到了吗？李伟。"

八、照章行事

这是动用老师权威的比较传统的管理方式，也是高调的处理方式。老师是课堂上的老板，任何人没有权利干扰其他学生的学习。这种方法需要制订明确的课堂规则，并严格执行，并伴以表扬、奖励措施。

九、传递正面信息：“我希望你……”

教师在面对有行为问题的学生时候，可以向学生明确地说出他希望学生怎么做。该技巧的核心是把重点放在教师所希望的行为上，而不是学生的问题行为上。说：“我希望你……”、“我需要你……”或“我期望你……”

使用这个技巧最容易犯的错误是把重点放在了学生的问题行为上，对学生说：“我希望你不要再……”这往往会引发学生的反感和对抗，学生会很快反驳说：“我什么都没有做！”或“这不是我的错……”或“什么时候规定不可以……”导致冲突升级。

十、使用更加温和的表达方式

教师如果在课堂上需要用语言对有问题行为学生进行提醒，可以考虑跟学生提出三种不同的意见：

首先，对学生的行为进行描述。比如：“我在讲课的时候你在讲话……”

第二，这样的行为对老师的影响是什么。比如：“我不得不停止讲课……”

第三，让学生知道他的行为给老师带来的感受。比如：“这让我感到很失望。”

比如，一位有经验的老师在受学生讲话干扰后是这样表达自己的感受：

“我不知道我对你做了什么，以致我得不到你的尊重，而班里的其他同学都是尊重我的。如果我曾粗鲁地对待你，或对你不体谅，请告诉我。我感觉似乎我冒犯了你，使你现在不愿尊重我。”

十一、不要吝啬你的表扬

对于那些平时经常出纪律问题的学生，要特别留意他们的表现，好的时候，要及时给予表扬。表扬可以是口头的，也可以仅仅是点头、微笑或竖大拇指。

十二、努力喜欢每一个学生

每个班似乎总有一两个学生跟你“不对盘”或“搞不定”，总有学生对你傲慢无礼或爱理不理，还经常“搅局”，让你头疼不已。没关系，对这样的学生，最管用的方法就是喜欢他。是的，不必爱他，但确实是要真正喜欢他。当你真正在他身上发现能让你喜欢的一点，哪怕只有一点，你就把他记在心上，在合适的时候真诚地向他表示你的欣赏，你们的关系将从此不同。

十三、把课上好

最后但却是最重要的一点是：教师一定要把课上好，把课上得吸引人。一节课尽量做到动静结合，避免学生产生倦怠感。以讲解为主的教学应该避免：用词不易学生理解、逻辑性不强，不连贯、单独讲解的时间过长等问题。

培养课堂上“倾听”素养

善于倾听是一种重要的专注力。学生在课堂上能认真倾听老师的讲话，倾听同学的发言，才能积极地有意义地参与教学活动过程。才能真正地开启思维的火花、获取知识、培养能力，才能保证课堂活动有效地进行，做到活跃而不失有序。倾听素养的培养不是一蹴而就的，是要在教学实践中不断地提升的。营造一种轻松愉悦的氛围，让学生大胆发表自己的见解，展现自我，也是新课程的理念。

那怎样才能培养学生的倾听能力呢？教师可以从以下几个方面去培养学生的倾听素养。

一、以身作则，榜样激励

老师要从自身做起，把自己放在与学生平等的位置，尊重、理解和接纳学生。对学生关怀备至，以朋友的身份和学生交谈，用亲切的眼神、细微的动作、和蔼的态度、热情的赞语来缩短师生心灵间的差距。认真倾听每一位学生的发言，用心聆听学生的心灵之语。

即使学生的回答离题万里，老师也不应该立刻否定他的答案，要善于发现其中的闪光点，赏识他的独特思维。对学生的错误，要和颜悦色地点出和指正。总之，对学生要多一分宽容，少一分斥责，多一点表扬，少一点批评。这样，学生在不知不觉中就会受到感染，得到熏陶，并以老师为榜样，尊重理解他人，认真倾听他人的声音。

二、端正倾听的态度

有效倾听的前提，是正确的倾听态度。倾听态度的端正与否，直接影响到倾听的效果，从而也会影响到沟通的有效性。钱理群教授说："倾听的态度与方法，首先要求并培养一种开阔的视野和倾听、容纳一切不同声音的博大情怀。"

教师要让学生知道，在倾听对方时，一定要专注于对方的思考、目标和感觉。要让学生懂得，在倾听过程中，要学会尊重别人，理解别人，以一种真诚和平、宽容和诚信的态度去进行倾听。具体说来要培养"四心"：专心，无论是老师还是同学的发言，都要专注并听清发言人的每一句话；细心，在倾听的过程中，仔细认真地辨别对方发言内容的正确与否；耐心，不随便插嘴，等听完发言人的话，再发表自己的看法或意见；虚心，无论发言人是谁，也不管是多么糟糕的发言，都要以谦虚的态度去认真倾听。只要师生共同努力，一定可以端正倾听的态度，提高倾听的效率。

三、多方面吸引学生的注意

很多时候，学生不会倾听不是不想倾听，而是老师的讲话没有吸引学生的注意，导致注意力分散，所以增强学生的注意力是提高学生倾听能力的一个有效方法。教师要尽可能把课上得有声有色、有血有肉，创造生动有趣的情境，要充分利用多媒体、网络等现代化教学设备，丰富教学内容。特别对于中学语文教学，一个好的语文教师，往往还能灵活运用语文教学语言，很好地把握语言的生动性、形象性、艺术性。不管是导入语、启发语，还是提问语、体态语，他们都力求新颖、巧妙、激趣，从而吸引学生的眼睛和耳朵。

另外，要注意板书的设计，在注意板书的教育性、科学性的基础上追求板书的审美性。一个优秀的板书可以让学生得到一种美的感受，而不由自主地去倾听老师的分析。同样，在日常谈话中，经常涉及一些对方感兴趣的话题，也可以提高倾听的质量。

四、进行有效倾听训练

倾听也需要训练，这一点在语文教学中特别突出，新颁布的《语文课程标准》对“倾听”分阶段地提出了具体要求，强调了“倾听”对语文教学的重要性。教师应坚持以严格的倾听标准要求学生，使每一堂语文课中实际进行的语言交流都能成为学生倾听的自然的有机组成。还应该把听的训练渗透到课内课外的语言实践中，比如晨间的谈话倾听、有关新闻广播的收听等。

听后复述是最常见的也是最容易实行的一种方式。听后复述可以调动有意识听记的积极性，提高倾听的素质，是训练听知注意力、听知记忆力以及检测听知效果的有效方法之一。教师可以请学生复述刚讲过的内容或同学的回答，这是一种随意的抽测。也可以进行课文的听力训练，考察对课文的熟悉程度和理解能力。只要类似的训练坚持不懈、持之以恒，学生的倾听能力会有所提高，就能有效把握倾听的内容。

上课“不听讲”不一定就是注意力不集中

放放的妈妈总是为他上课不认真听讲的问题操心，因为放放上课的时候不是在摆弄文具、看课外书，就是和别的同学说话。所幸的是，放放的学习成绩还不错，考试成绩总保持在班上前五名。但是，妈妈担心孩子到了高年级或中学，这种听讲不集中注意力的习惯会使他学习成绩下降。

确实有一些像放放这样的孩子，他们并不是“不听讲”，只是比别的孩子更会听讲。他们善于抓住老师讲课时的语言点、重点。老师一说大家注意了，看看这道题应该怎么思考？这个记叙文的思路应该是什么？他们马上就会抬起头，认真地把老师上课的重点听好、抓住。其他的时间，他们已经学会了，自然“你讲你的，我玩我的”。事实上，只有少部分非常聪明的孩子才能够这样。其特点是：

1. 孩子无论在上课还是与人交谈时，都能够很快抓住重点，领会意思，并给予相应的反馈。

2. 在家做功课或做其他事情时，都能在较短的时间里，效率较高地完成。

3. 不用家长太多的指导，学习成绩一般比较优秀。

4. 思维活跃，爱思考，迁移能力较强，做事能够举一反三。

如果您的孩子确实拥有这些特点，那么您就不必要太担心他会由于注意力不集中而造成学习成绩下降。相反，要求这种孩子长时间注意力集中，到了真正该听的部分，他反而会感到疲倦，听不下去。对于这类孩子，父母只需要告诉孩子，要学会尊重他人，遵守课上纪律，并学会在听懂老师讲课的情况下自己做题、复习。在家里，父母可以用新鲜并有一些难度的知识激发他们的求知欲，并引导他们在学习时不只满足于“会”而要寻找多种方法、最好的方法解决问题，从而更好地培养孩子的注意力。

学生倾听能力的提高，一方面需要教师的努力，另一方面也离不开学生自己的努力。首先，要尊重每一个发言者。以往有些学生，对自己喜欢的老师的课，就很认真听讲，并积极思考，而对自己不喜欢的老师的课，则漠不关心或肆意捣乱。同样，如果发言的同学在班级中享有一定的威信，那么他的发言容易得到同学的重视，也能吸引同学的注意力，甚至能够得到多数同学的认可和赞同。虽然小学生还不能对事物进行理性的评价，但是也不能太主观，否则对事物就会缺乏客观的认识。倾听他人的发言，是尊重他人，尊重自己的一种表现。只有尊重他人，才能受他人尊重。

其次，要努力培养有意注意。有意注意是有目的，又需要做出意志努力的注意。在课堂上，有意注意可以让学生把精力指向老师的讲解和其他学习目标，排除与学习无关的不利影响，选择自己需要的内容学习与实践，并把自己高效率的活动保持下去。注意力的高度集中，在很大程度上，决定了对事物真正接纳的质量问题。

善用提问提高注意力

拥有热情，学生就会对自己所学专业产生强烈的求知欲望和求知兴趣，他的注意力就会高度集中并毫不费力地维持下去；拥有热情，就可以使自己富有创造性，学习富有情趣。因此，一旦学生拥有热情，课堂教学的有效性将得到落实。而首先，必须用我们自己的热情点燃学生的热情。

提问是教师常用的一种课堂技巧。古今中外，都有用提问的方式来教导学生的记录，《论语》一书便是孔子和他的学生进行一问一答的教学活动的记录。古希腊学者苏格拉底的反诘法，就是运用问与答这一原理和原则。专家们认为，教师的提问是提高学生注意力、影响学生成绩的一个重要因素。

课堂提问的作用，可以归纳为下列几个特点：

一、提问就是启发学生发散思维，积极思考

提问的技巧与思考教学具有密切的关系。老师就文章提问题，学生必须用心去寻找答案，脑子要不断思考，或者从已有的知识去找，或重组资料，或独辟蹊径，总是希望寻求一个完善可行、有创意的答案，这种思索起到一种有意义的思考作用。有一点必须值得注意：老师提问问题，学生的思考能力和方法是要受到老师所提问题的影响，如果老师提问记忆性的问题，学生可以把记忆中的东西从脑海里再现出来复述一遍；如果老师提问的问

题是创造性的问题，学生便得去积极思考、创造。因此提问时，老师偏重某一问题，对学生来说都是不利的。从教学实践中发现，老师在课堂上喜欢多问一些记忆性的问题，这并不是与记忆性问题容易设计有关。总而言之，要达到启发学生思考这个目的就得留意各种类型问题的比例。

二、鼓励学生参与讨论、发表意见，有助于学生组织发言能力的提高

学生借回答之际，发表自己的想法，聆听别人的意见。把自己的思维又推进一步，通过这个机会，学生可以学习组织说话内容，培养发言的信心和技巧。

三、引起学生的学习动机，提高学习兴趣和增进自我概念

老师在教学中扮演重要角色，在授课过程中向学生提出问题，引起学生的好奇心，集中学生的注意力，引导学生学习新知识，激发探讨兴趣的功能。学生答对了问题，心里会得到一种满足感，借以老师的鼓励，就会形成一种向上、求进取的心志，学习更加专注；学生答错了题，也会得到老师耐心的纠正，期望下次回答时有较好的表现。因此，提问有增进自信心，培养正确的人生观的功能。

四、提问具有组织教材、提示要点、帮助了解与促进记忆的功能

老师事先准备了若干个教学重点，在施教每个重点时，利用提问的方式引导学生层层深入进去，认识教材，或提纲挈领，突

出重点。随着教学深入，老师可以要求学生综合各种资料和常识，回答较高层次的问题。这种活动可以使学生对所学文章有更深的了解，有牢固的记忆，可以达到触类旁通，举一反三的思维能力的训练。

五、提问可以控制课堂秩序，形成良好学习的环境

课堂提问可以集中学生的注意力，把学生引向投入和思考过程中，学生自然能够专注于学习重点上，因此提问有维持、控制课堂秩序的功能。但要说明的是，“提问可以控制教室秩序”不应理解为老师通过向某一学生提问题，表示老师已注意该生有不专心或其他不适的行为，从而收到控制秩序的效果。相反，实验证明好的提问能使学生爱上课，爱动脑，上课的心情比较轻松，敢大胆回答和提出问题。学生爱上课，课堂秩序自然就会好的。

教师要注意的一个问题是：提问要有普遍性。

提问的目的就是培养学生各种思维能力。课堂提问成功与否不但是记忆性和思考性，更应该考虑到所有学生的需要，做到引发学生去思考。有效的课堂提问，在学生回答问题时要做到两点：

一、学生回答问题的机会要均等

由于学生的程度参差不齐，会出现优劣之分，但教师的问题是针对全班而提，所以指名回答不应只唤成绩好的。如果经常忽略能力较差的学生，那些差生注意力更加不集中，因为反正老师

不会向他们提问。久而久之便会形成同一班学生的程度差距越来越大，这是教师应该避免的。

二、不规律的点名方法进行提问

如按座次，或学号便是属于有规律的点名方法。这种提问往往是有些学生只关心那些跟他有关的问题，属于其他同学回答的问题便很容易忽略了。同样的道理，教师应面向全班普遍提问，让每一个学生都有参与的机会。

老师提问，表面看来是在学生中找到正确的答案，学生答对了，便好像满足了教师提问的目的，其实学生把问题答对了，并不一定说明教学是成功的。提问在教学中的价值在于它能否引发学生的思考，如果教师能够有效利用提问引发学生对问题热烈地进行讨论，直接提高课堂兴趣，进行积极学习，那才是成功的课堂教学提问。因此，无论学生回答的正确与否，培养思维能力的本身就是教学重点之一。

老师要想做到培养学生思维能力这一点，就要特别注意提问的技巧。提问技巧的优劣直接影响学生参与答题活动的因素，参与答题的人数少，表示提问对刺激思考功用小；参与答题的人数多，表示提问对刺激思考的功用相对来说也大些。

最后教师在提问时要注意答案处理得当。

处理答案的技巧被视为课堂提问的一个环节。教师应客观地对待每个学生的答案。无论学生的答案正确与否，都是给教师提供了有用的资料。如果答案正确，说明学生已经掌握了这方面的知识；如果答案不正确，说明学生在某一方面还有困难。这种资料对教师辅导学生学习有一定的帮助。有时，教师很容易产生一种错觉，认为学生答对了问题，就表示这节课处理得很成功，反之，教师就大失所望。事实上，教学成功与否并不能取决于此，无论教师还是学生都不应该有失望感。如果教师在处理答案时流露出丝毫的鄙夷、或是贬斥，责备学生，日后都将影响学生的情绪，长期下去，会使学生失去学习信心。因此，教师对答案的评价或纠正，语气最好是中性，同时适当地加些鼓励性的字眼会对学生起积极作用的。

下面要谈谈几点一般的处理答案的技巧：

（1）学生回答问题时，教师要注意倾听，表示对学生的尊重。

学生回答问题是一种自我表现的行为，他们期待老师的重视和关心。因此在学生回答问题时，教师应注意倾听，表示出教师重视学生的答案，这样对学生积极思考，用心作答起鼓励作用。

（2）给予鼓励，培养学生自信心。

学生每回答一个问题，便是一次思考机会，答案无论对错，学生已经进行了思考。因为提问的目的就是训练学生思考，所以作答的本身也就值得鼓励。

（3）学生不能回答知识性问题时，教师宜给予答案。

学生不能回答知识性问题时，最好的方法是直接给予正确的答案，不宜鼓励学生猜答或简化问题，或给予提示，然后学生再作答。因为知识性问题能不能准确回答，取决于能否牢记资料，猜答或碰运气这种行为对学生来说并没有任何好处。